献给

人间清醒的

你

人间清醒

底层逻辑和顶层认知 ❸

水木然 ◎著

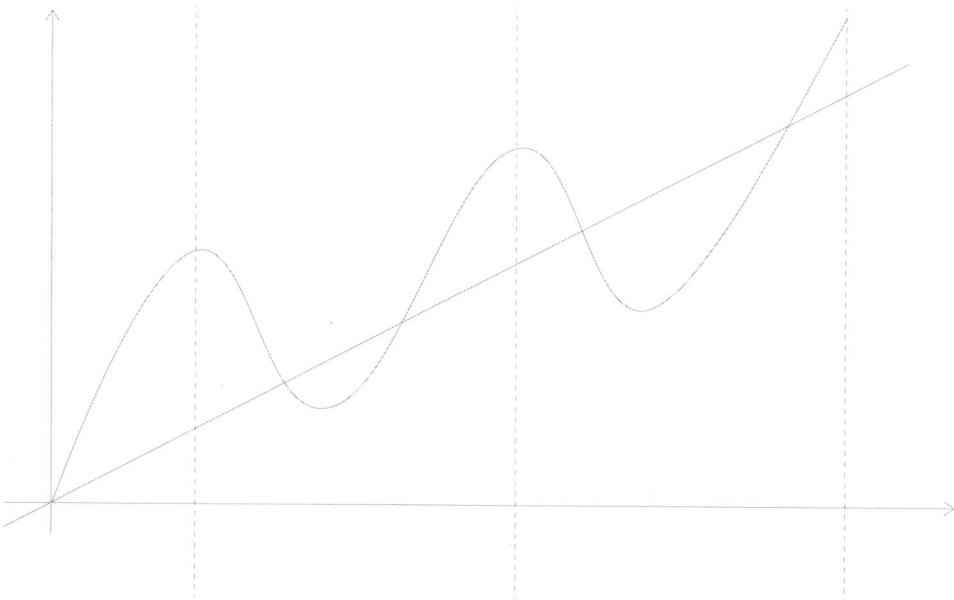

浙江人民出版社

每个人在出生之前，都被打了封印。

我们来到世界的那一刻，所在的家乡环境、父母身份、教育资源以及亲戚朋友等，就共同构成了一个无形的包围圈。

这个圈里发生的一切都是合理的，而我们对圈外发生的一切麻木不仁。

这就是神奇的命运，我们的一生也许就这样被诡异地操控着。

很多人看似又活了一年，其实是把一天重复了365遍；很多人早在20岁就死了，只不过在80岁才被埋葬。

这就是封印，也是一个"怪圈"。人生最难突破的就是这个圈。每个人都活在一个无形的圈里，能逃出来的人寥寥无几。

人生最大的幸运，就是觉察到这个"怪圈"的存在，并且有意识地去挣脱它。只要我们带着觉察去生活，总有一天能冲破命运的枷锁。这个逃出来的过程叫自强，也叫"人间清醒"。

愿大家早一天走向——人间清醒。

第一把枷锁

锁住了我们的行为习惯，
所以我们要打破重复。

第二把枷锁

锁住了我们的思维模式，
所以我们要升维认知。

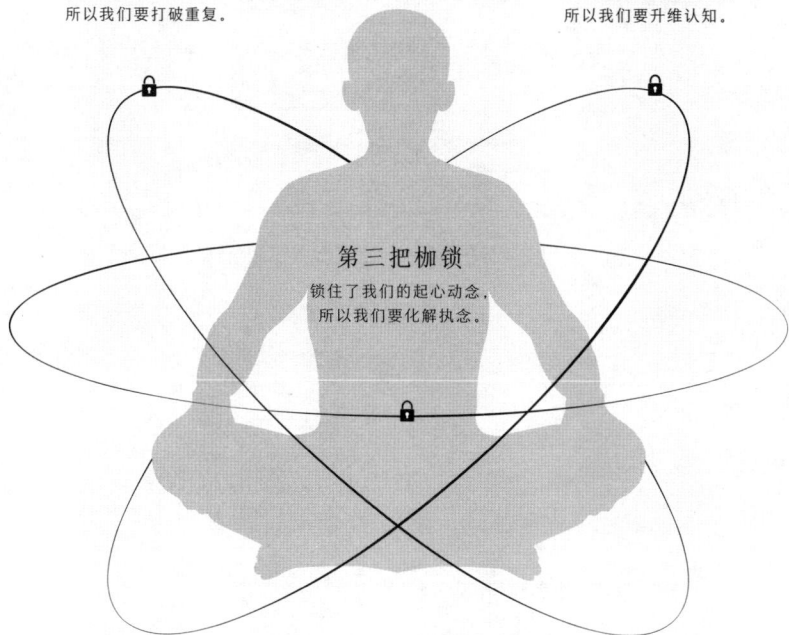

第三把枷锁

锁住了我们的起心动念，
所以我们要化解执念。

每个人身上都有三把枷锁。

第一把枷锁在手上，锁住了我们的执行力。

第二把枷锁在头上，锁住了我们的认知力。

第三把枷锁在心上，锁住了我们的觉醒力。

第一部分

与道同齐

第一章

觉　察

价值的三个维度

价值分为三个维度：

第一个维度叫情绪价值，是情绪层面的安慰，是情感的愉悦。

第二个维度叫物质价值，是物质方面的好处，是利益的给予。

第三个维度叫精神价值，是精神层面的共鸣，是灵魂的滋养。

越幼稚的人，越需要情绪价值。因为它是最浅层的价值，只能让人暂时忘却伤痛。无论现实多么糟糕，只要被哄一下就可以很开心，这是"巨婴"最典型的特征。

越理智的人，越需要物质价值。因为这才是实实在在的利益和好处。他们冷静又理性，从不看你的表演，也不喝你的"鸡汤"，只看你能带来什么价值。

越成熟的人，越需要精神价值。因为这种人已经不缺物质，更不会情感寂寞。他们早就实现了个人的圆满，只会被高级的灵魂打动，需要的是灵魂的共鸣和精神的滋养。

然而，世界上很多人都是迷惘的"巨婴"。"巨婴"最大的特点就是：

1. 不爱思考，喜欢被哄，却又整天幻想逆袭；

2. 宁可沉溺在美丽的谎言里，也不愿意面对残酷的现实；

3. 更容易被复杂的描述和套路所打动，越是花里胡哨的东西越能让他们着迷。

所以，这些"巨婴"只能每天喝心灵"鸡汤"，活在情绪安慰里。"鸡汤"要么叫人认命，要么叫人拼命，回避问题的根源，以现象替代逻辑，以情绪代替思考，把消极接受现实的懦弱，伪装成乐观面对不幸的豁达，往不幸上面喷"香水"来掩盖问题。

因此，互联网上最廉价的就是情绪价值，到处都是各种心灵"鸡汤"。这些人在现实中早已千疮百孔，但又无力改变，只能自欺欺人。既然吃不到"鸡肉"，就只能去喝"鸡汤"；既然现实中一塌糊涂，就转而去寻找心灵安慰。

让大家感觉不爽的"真相"，大家会充耳不闻。相反，能够抚慰大家情感的心灵"鸡汤"，却可以让大家狂热。

也因此，互联网上最好的赚钱方式就是"贩卖情绪"。所谓"贩卖情绪"，就是给大家提供心灵"鸡汤"和安慰，不是去唤醒他们，而是去抚慰他们千疮百孔的内心。他们一直活在幻想里，就会一直离不开你。

不是每一个人活着都是为了觉醒的，大部分人活着都是为了睡得更香。你要是企图唤醒他们，他们不仅不会感恩你，反而会痛恨你，因为你打搅了他们的美梦。

你只需要不断地制造情绪让大众上瘾，让他们离不开你。

怎么给大家提供情绪价值呢？请牢记两个字：讨好。

第一，为大众的失败找到理由，他们明明屡战屡败，你就说

"他们大器晚成"。

第二，为大众的平庸找到理由，他们明明自卑内向，你就说"优秀的人都爱独处"。

第三，为大众的懒惰找到理由，他们明明是在摆烂，你就说他们"看透之后选择佛系"。

第四，为大众的绝望找到理由，他们明明掉坑里爬不起来了，你就说"苦难有多大，福报就有多大"。

第五，为大众的妄想找理由，他们明明只想一夜暴富，你就说"他们因为相信所以看见"。

追求情绪价值的人往往会为这两种东西买单：第一种是很容易懂，而且很容易用的东西；第二种是听不懂但看上去很高档的东西。所以，你要么贩卖"鸡汤"，要么贩卖身份感。

为什么世界上大部分人的宿命就是被收割？因为他们都是情绪化的，他们从不想着提升自己，反而总是幻想得到一种成功的捷径，或者在心灵"鸡汤"里沉溺。

商家为了赚更多的钱，就会阻碍大众心智的提升，努力使他们保持"巨婴"状态。正是因为大众心智越不成熟、越容易情绪化，也就越容易被操控。

商家还明白一个道理：自己是不能跟消费者赤诚相见的，只需要不断地翻新套路即可。可以说"自古真心留不住，唯有套路得人心"。

无形的枷锁

为什么社会越发达，我们反而越迷茫？

为什么绝大部分人都是被裹挟着前行？

因为很多人正在失去自我。社会就像一台机器。这台机器要想运转效率高，就必须实现批量化的生产和机械化的操作。每个人就好比一个零件，每个零件都只有一种功能。

我们需要培养能够满足社会化生产需求的人才，这就是通识教育。所以在考试中，大部分题目都有标准答案。你只要熟记知识点就可以了，能做到这一点你就合格了。

所以，我们在学校里学到的往往是知识，但不能称为智慧，因为智慧不可传。智慧是需要独立思考能力的，而知识只需要背诵下来就可以了。因此，成绩好并不代表优秀，只能代表你很本分，很符合社会的需求。

那些选择创业的人，往往在通识的基础上，学会了独立思考，还能发现自我，这叫找到了"真我"。

小时候总以为球打得好、歌唱得好是才华，长大后才发现，找到"真我"才是真正的才华。

外界并不负责帮我们找到"真我"，找到"真我"这件事只有靠自己。这是一种非常稀缺的能力，也只有少数人才能实现。

还有一点也非常值得深思，那就是每个人都在高喊自由，其实并不是每个人都真正渴望自由，因为自由同样意味着责任，自由的背后是自律。只有做到有所为、有所不为的人，才能享受自由，否则对社会和他人来说就是灾难。

寻找"真我"绝不是为所欲为，而是在能尽到社会义务，并且在不伤害他人的前提下，尽可能活出自己。如果还能创造社会价值，那就是一个优秀的生命。

只有心性成熟的人，才有资格追求自由，而大多数人想要的仅仅是不劳而获、自私自利、各种"短平快"的享受。

尽管这些人整天也在高喊自由，其实他们最想要的不是自由，而是被奴役，他们最终的结局要么是被资本奴役，要么是被道德奴役。

比如，资本主义倡导的消费主义，是为了瓦解自我。消费主义让我们陷入物质的追求里，所谓豪车、豪宅、奢侈品等都是为了让我们向外求。自我意识需要往内看才能看见，就是要求我们往内审视自己。当我们都不再往内看了，外在的物质虽然让我们一时得到了满足，长期的幸福感却消失了。

有的人居无定所过着安宁的日子，有的人却在豪宅里一辈子逃亡。

什么叫被道德奴役？道德是资本的对立面，但它的任务也是为了瓦解我们的"自我意识"。《道德经》里说：故失道而后德，失德而后仁，失仁而后义，失义而后礼。一个社会只有失去大道了，才会强调道德，才会强调仁、义、礼。

现在社会面临的困境在于：传统的机械化大生产模式走向尽头，与此同时，信息的发达让很多人萌发了自我意识。两者的冲突越来越大，而一个社会发展到一定程度要想继续前行，必须唤醒人们的自我意识。

人一生最大的幸运，莫过于因为受到了真正的教育，从而唤醒了自我意识。

什么是真正的教育呢？

真正的教育，就是帮人建立更加健全的心智模型，从而内生出智慧。获取知识的能力，比知识本身更重要。比方法更厉害的，是获取方法的方法。

一个心智模式优秀的人，可以随时随地内生出方法和技巧，而不是被外界强加的方法所限制。

当一个人的心智模型迭代升级了，生命会自动进入更高的维度，有豁然开朗和一览众山小的感觉，这时的人能抓住事物的底层逻辑，一眼看透本质。

而接受"伪教育"的人，每天只研究方法和知识本身，只能越学越多，越多越乱，无法从量变到质变，最后的结果就是大脑被填满了，再也塞不进其他知识。

这个世界上很大一部分人，从未接受过真正的教育，充其量在学校里被填充过知识，或者在培训机构里被塞进各种方法和技巧，以及各种新鲜概念。

他们看似在忙忙碌碌地学习，其实思维从没有被打开过，一直执着于眼前的蝇头小利，或者一直在现学现用。他们无论多么辛勤，都是在自我封闭和禁锢。

当一个人找到"真我"之后，就无法和思维封闭的人同频了，只会去向下兼容他们。

很多人不睁眼看世界，不看清真实的自己，也不愿接受新事物。他们每天过着模板式的生活，习惯于重复，对环境严重依赖。

更重要的是，很多人即使贫穷、被家暴、被欺压，也依然不想摆脱自己的现状。

面对生活的枷锁，他们没有勇气去撬开它，宁可这样日复一日、年复一年，苟且偷生。

其实，人生所有的厌倦和焦虑，皆源于那个一成不变的自己。

让我们认真思考一下：究竟是有形的枷锁可怕，还是无形的
枷锁更可怕？

"信息茧房"

随着互联网的发展，出现了一种新的现象——"群盲"现象。什么是"群盲"呢？互联网的价值，原本是让井底之蛙开一开眼界，认识一下井口以外的世界。可现在成千上万只井底之蛙通过互联网互相认同、互相肯定，并且在交流之后达成了共识，认为世界确实只有井口这么大。

算法的产生，又加剧了这个现象：你可以很容易拉黑那些不同立场、不同角度的人，于是你的身旁只剩下跟你意见相同的人。久而久之，你只能听见一个声音，最终形成了"我才是对的，其他人都错"的意识。

算法还导致一个很大的弊病：人们对推荐过来的东西不加以思考就全盘接受，你越喜欢什么就越给你推荐什么。它让每个人都沉溺在自己的世界里，每个人只能看到自己喜欢看、愿意看的东西，于是人们的视野变得越来越狭窄、观点变得越来越偏激。

世界上最大的监狱是自己的思维。这句话在互联网时代和算法时代尤其适用——每个人最终都活在自己的思维"监狱"里。

这也叫"信息茧房"。如果你只关注自己选择的领域，如果你只关注某一种信息源，如果你只关注让自己开心的东西，久而久之便会像蚕一样，将自己桎梏于自我编织的茧房之中，我们的视野会越来越狭窄、思想会越来越偏激、偏见会越来越严重。

这还制造出了一种"回音室效应"。当越来越多相似者聚集在一起时，就会产生强大的回音，回音再产生回音，声音就会反复被叠加，于是置身于其中的人，只能被一种观点笼罩，这就形成了一座强大的"认知牢笼"。

未来的世界，社会将被分割成一个个小型单元格，相同的人被放在同样的单元格里。每个单元格的墙壁十分坚实，里面的人互相肯定认可，拥有共同的一片天，然后通过观看短视频、短剧、直播、综艺节目等，玩得不亦乐乎。

算法越发达，内容推送机制就越高明，可以精准地给每个单元格投放他们最想要的东西。这些人未来都将是被喂养和投递的，就像给宠物投递食物一样。

　　这些"宠物人"被圈养起来，好吃、好喝、好玩地伺候着，每天都在寻思着怎么消耗自己的时间。很多人一生都会生活在这座"监狱"里，那么，再让我们想一想：究竟是有形的监狱可怕，还是无形的监狱可怕？

"宠物人"和"智能人"

随着科技的全面进步，人类也在发生一场深刻的变化：很多人都将成为"宠物人"，只有少部分人能进化成"智能人"。

就像在20万年前的东非大草原上，第一批智人与其他猿猴分道扬镳一样，当大部分猴子还在游手好闲，这一小批智人选择了进化和迭代，才有了人类现在的文明。

为什么现在又将发生这种变化呢？因为科技的发展使社会临界突破了。

科技进步的最大特点就是资源分化、财富分化、认知分化，因为科技越发达，资源的流通性就越好，此时金钱、资源、信息，都加剧流向最顶尖的人手里。

人最大的属性就是会独立思考，但是如今很多人正在逐渐丧失这种基本属性，也就是越来越没有独立思考的能力，越来越沉溺于"短平快"的刺激。这也是我在前文提到的，未来很多人都将成为不会思考的"宠物人"。

未来不会有"贫困人群"，因为我们有"精准扶贫"的政策，但是未来会产生大量"无用人群"。这也是《人类简史》里的观点：未来99%的人都是"多余"的，因为大部分人找不到存在的价值，更不能为世界创造价值，但是出于人道主义，世界依然会养活他们。

剩下的人才能参与这场升级，成为"智能人"。

"智能人"是什么样的人呢？如果你不再沉溺于刷短视频、玩游戏、看娱乐节目等，开始思考人生的意义和价值，恭喜你，说明你的生命正在觉醒的路上，但是这也需要"反人性"的能力。

未来人类核心的竞争力是"觉醒力"。所谓觉醒力，就是不再被算法和互联网拿捏，当大部分人都沦为算法的奴隶，他们却可以通过自我精进成为算法的"主人"，算法成了他们的工具。

《道德经》里说：反者道之动。当大部分人选择了沉沦和享受，只有少数人走上了"反人性"的道路，选择了长期主义和价值主义。

对他们来说，高科技都是他们的工具。这波 AI 浪潮，加上区块链、元宇宙、脑机接口、基因工程、量子计算、火星开发等新技术的应用，都会使他们如鱼得水般加速进化成"智能人"。

"高手智能化，大众宠物化"，这一趋势将逐步明显。这是最好的时代，也是最坏的时代。有大破必有大立，当大部分人被淘汰，就必然有一小部分人走向崛起，这也是宇宙的平衡之道。

第二章

自　省

直播带货

有粉丝提问：为什么日本、欧美等国家或地区的明星直播带货并不多？

这些资本主义国家奉行金钱至上的观念，难道他们不知道直播带货更赚钱吗？

其实不是这些国家的明星不愿意做，而是他们不敢随便做。

首先，在美国直播带货或明星代言，整套法律法规非常严格，在性质上都属于"证人广告"。对于这类广告，法律上有严格规定，凡是证言性质的广告，内容必须有真人真事为证，即向消费者推荐产品或服务的证人，无论是明星、专家或普通人，都必须是产品的真实使用者，如果自己都没用过就信口开河地推荐，一律按虚假广告处理，会被执法部门重罚。

这个罚款就不仅仅是退款、退货那么简单，也不是封账号的问题，更不是罚款几十万元的问题。这种惩罚数额可以是天文数字，足以让一个明星倾家荡产。这个代价太大了，所以他们对此慎之又慎。

其次，国外的文化不同，很多外国人在批判性教育的背景下长大，从小就被老师鼓励挑战权威，很喜欢质疑和审视，即使"网红"、明星带货，他们也不会盲目跟风。

直播带货的问题到底在哪里呢？

举个例子：某"网红"去年赚的钱是10亿元，这是一家大型连锁超市利润的10多倍，但是这家连锁超市解决了数万人的就业，可一个网红能解决多少人的就业？

再比如，某"网红"一场直播能卖上百亿元，也就只需要养一个十几人的小团队，而这上百亿元的背后是多少实体店的凋零？

直播带货看着热闹，但是这种热闹砸碎了多少人的饭碗？

它将利润聚集到了极个别"网红"大咖手里，两极分化越来越严重，内卷愈演愈烈。

当然，我不是说直播有罪。我的意思是：电商、直播等新的卖货手段，赚足了该赚的钱，但是没有承担起相应的社会责任。

那么，为什么大家都那么喜欢在直播间买东西呢？很简单，因为直播间的东西便宜。也就是说：我们为了占那几元钱的便宜，不惜去破坏传统的产业链。

电商和直播的消费链路非常短，就是从商家到消费者，中间只有一个物流环节。没有了广大实体店和各级经销商，也没有了各种营销和花样，大量中间业态就消失了。

当我们把义乌的廉价小商品从线上卖到了全国，看似是商品流通的效率提高了，实际上是实体产业链被严重侵犯了。

其实，实体店的真正价值不只是买卖商品，而是把人们吸引到大街上去消费，比如夫妻两个人逛街，可能去吃一顿饭，可能去看场电影，还有可能带孩子去逛游乐场。正是这种环环相扣的行为，才叫生活，才使一座城市散发经济活力，也是一座城市本该有的风貌。

要知道，每一个沿街的小店铺，背后都是一个家庭的营生。

一旦破坏了他们的生存环境，或会造成巨大的社会隐患。

现在的常态是全民网购、全民直播、全民"网红"、全民刷短视频，看似繁荣，其实千篇一律，而且把所有竞争都集中在了手机上。所有的业态只剩下"注意力经济"，人们为了博眼球，纷纷秀下限，各种"博眼球"事件层出不穷。

整个社会充斥的都是叫卖声。人们越来越冷漠，即便在一起聚会，也是各种刷手机、看短视频，彼此熟视无睹地擦肩而过。

另外，在互联网的影响下，全国变成了一个统一大卖场，消费者比价非常容易，这就导致最低价商品才有竞争力。从淘宝到拼多多，没有最低价，只有更低价。

"低价者胜出"是一个非常"流氓"的商业逻辑。很多商家为了创造更低价，就去仿造滥造，从而严重搅乱了市场的价格体系。这就是"劣币驱逐良币"。

它使很多商家不得不放弃对质量的坚守，千方百计地节省成本，不再投入研发去打造高端品牌。所以，这些年我们一直在"低价者胜出，山寨货横行"的循环里打转。

更不可思议的是，很多明星也掺和进来，在直播间里喊破喉咙卖9.9元的东西。当然，直播是合法的，产品是合法的，吆喝也是合法的，每个环节都是合法的，但是整体来看就觉得不对劲，难道这就是"合成谬误"？

"合成谬误"指的是，很多事单独来看是正确的，但联合起来就会引发巨大的"荒唐"。这也是谎言的最高境界：每一句话都是真的，但是连在一起就是一个谎言。

因此，很多国家或地区都在抑制互联网的发展。无论是在欧洲、美国，还是日本、新加坡，互联网都只是实体产业的补充，都是为了丰富实体产业，而不是为了颠覆实体产业。

在欧美，价格促销是有严格限制的。这些发达国家都没有发展电商、直播，当地的人们也不像我们天天网购，而且优质的商品不会做电商，大家都去实体店消费，生活不仅不单调，反而有滋有味。

我们不能一味纵容电商、直播、"网红"的发展，这是违背经济发展规律的。它们硬生生"砍掉"了中间层层环节，破坏了无数实体店铺，也严重破坏了社会分工。

没有中间商赚差价，这句话隐含着多少人的失业，多少商家的破产？

二十几年前，互联网喊出的口号是：让天下没有难做的生意。时至今日，互联网已经遍布生活的各个角落，但是天下也没什么好做的生意了。

归根结底，这是我们过度使用互联网的结果。《国富论》中说，社会分工是国民财富的根源。当大家每天都坐在家里刷抖音、等快递，都去直播带货的时候，社会分工开始倒退，经济缺少活力，生活也没有乐趣可言。

之前，我们动不动就提颠覆，现在我们终于尝到了苦果。为了一时的痛快，不惜牺牲后面所有的链条，不惜破坏我们的生活规律，这叫"饮鸩止渴"。

原本互联网只是经济发展的工具，是实体产业的补充，但是当它变成经济主体时，这就喧宾夺主、本末倒置了。

我们享受了一时的好处，也催生了"畸形消费"，抑制了创新，导致内卷严重、审美丧失。

这一现象的背后，是我们早已习惯用"利益"换"规则"付出的代价。用利益来诱导大家，甚至鼓励大家突破正常的秩序和界限。于是，社会秩序被破坏。

现在让我们做一个反思：当我们埋怨房价太高的时候，我们有没有想过自己也曾加入抢房大战？

当我们埋怨淘宝、拼多多上假货太多的时候，我们有没有想过自己也喜欢占小便宜？

有时一点小利益，都能让我们奋不顾身地破坏规则，现在还有商业巨头站出来鼓励大家去突破界限，这难道不值得我们反思一下吗？

什么是作恶？并不是杀人放火才是作恶，面对规则的被破坏，如果你也为了利益选择做一个盲从的"帮凶"，你就已经站在了恶的那边。

中国人的价值观

有粉丝提问：中国文化那么牛，为什么很多科技创造没有在中国产生？

我试着来给大家梳理一下原因。

其实，不是我们不懂发明创造，而是中国人太高瞻远瞩了。

在2500多年前，中国的科技水平就很高了。当时鲁班和墨子"斗法"，墨子做的"木鸢"可以飞一天，鲁班造的"木鹊"至少可以飞三天。这种生产制造水平让人感到不可思议，也是《墨子》里明确记载的。

那么，中国为什么一直没有走上科技发明这条道路呢？

中国人很早就明白一个道理：科技发明确实能给人类带来物质的进步和社会的繁荣，但如果一味地迷恋高科技，没有东西能与科技制衡，就会物极必反，给社会埋下很多隐患。

无独有偶，我们再来看看一本书就可以了。它是诞生于2000多年前的《说文解字》。这本书的第一个字是"一"，所谓："道生一，一生二，二生三，三生万物。"这本书的最后一个汉字是"亥"。亥是十二地支的最后一位，代表终结。

这本书从"一"开始，以"亥"结束。万物运行到了"亥"就会终结，然后再从"一"开始。

这就是单极发展科技的必然结果。科技要有文化做配合，否则会将人类带上一条不归路。

事物都有两面性，都需要被约束和制衡。即便是科技，任由科技单极发展到一定程度就会物极必反，到时人类就是在自掘坟墓。

现在社会的科技水平那么高，我们的物质生活越来越丰富，但是我们的精神陷入一片空虚。人们普遍越来越焦虑、抑郁、迷茫和孤独。人们并没有因为物质的进步而变得更加开心，心理问题反而越来越严重。

再比如，现在互联网那么发达，我们的生意好做了吗？智能手机那么发达，我们有变得更加开心吗？科技那么发达，我们的幸福感提升了吗？

所以，在中国人看来，很多发明创造打开了人类的潘多拉魔盒，刺激着人们的欲望，让人类一直外求。

还有一点，科技越发达，贫富差距就会越大，马太效应得以加剧。科技水平越高，社会的流通性就会越好，此时财富会加剧流向更有钱的地方。可以说，未来只有在某个领域遥遥领先，才能赚到钱。

好好想一想，物质主义让我们陷入沼泽不可自拔。看看现在的世界状态：产能过剩、贫富差距、债务危机、经济危机、战争危机等各种"人祸"横行，还有地震洪水、全球变暖、沙尘雾霾等各种天灾降临。

有人会说，这是危言耸听。人类活得好好的，怎么会出现问题?！我们可以拿恐龙举个例子：

地球上曾经的统治者——恐龙，在灭绝之前，经历了这样的环境变化：整个地球被浓浓的火山灰和毒气覆盖，气候骤变，地球上的生物长时间不见阳光，植物无法光合作用，大气层含氧量极低……

再思考一下现在的我们，如果人类迷失在自己的欲望里无法自拔，下一个灭亡的恐怕就是人类自己！

为什么只有中国文化才能拯救世界呢？

西方文明属于物质文明，他们更相信眼睛看见的物质，更相信看得见、摸得着的东西，然后不停地去发明和创造。

中华文明属于精神文明，中国人一直主张向内求，提倡修身养性，讲究形而上的层面，更相信无形的东西，所以才有了中医。

因此，西方诞生了马斯克这样的企业家。马斯克认为地球资源在枯竭，人类的未来在太空，所以他要去那里寻找未来。而中国传统文化认为人类解救自己的方式是"向内求"，也就是修身养性，不能一味放大欲望。

中国人的文化历来都是往里收的内观文化，而西方人的文化更偏向于往外探求的文化。

中国人的思维是"形而上者谓之道"，西方人的思维是"形而下者谓之器"。

中国人考虑问题的方式是自上而下的，凡事先看宏观，再看微观，非常注重整体性和协调性。

西方人考虑问题的方式是自下而上的，凡事以试验为基础，一点点去推演，更愿意相信他们推演出来的东西。

《周易》里说，"在天成象，在地成形"。中国人重视"象"，也就是"道"，认为它支配着"地"上的"形"和"器"。

西方人重视"器"，认为一切都是物质，物质形成了客观世界。

所以，西方人擅长研究有形的物质世界，而中国人擅长研究无形的精神力量。

西方人想要征服世界，改造世界，竭尽所能地向大自然索取。中国人自古以来就坚持和大自然和谐共处，顺应自然，认为只有这样才能实现天人合一，和谐发展。

人类自工业革命以来，尝到了物质世界的各种甜头，享受到了物质带来的繁华，所以整个世界被西方文化主导，到了现在，世界发展走进了"死胡同"：经济危机、环境危机、心理危机、病毒危机、资源危机……

这种现状说明：世界要想好好发展，不能过于依赖物质世界，而是要找回精神世界。人类必须开始内求，这恰恰也是中国文化擅长的。

中国古人的眼光和格局，不是每一个人都能懂的，举一个我自己的例子：

小时候两个人玩剪刀石头布，谁赢了就可以写一笔，然后谁先写完四个字谁就赢了。我至今还记得那四个字是"天下太平"。那时候的我们才六七岁，什么都不懂。可在懵懂的年龄却能写这几个字，足以从侧面说明中国人对于大同世界的向往是刻在基因里的。这就是中国人的胸怀。

有没有一种文明，可以让人类免于疯狂，免于恐惧，免于杀戮呢？

答案是有的。这种文明就叫"华夏"。

乐观的悲观主义

———————

尼采说：灵魂高级的人，或多或少带有忧郁的气质。

那是因为他们看透了社会的真相，仍选择善良；看透了众生的苦难，仍选择悲悯。

可以说，一个看透世界底层逻辑的人，一个真正有智慧的人，或多或少是个忧郁的人。这种忧郁来自对众生的同情。

这是一种慈悲，是一种大爱。

为什么有忧郁气质的人反而更容易成功呢？

因为悲观主义者有极强的同理心，总是悲天悯人、胸怀天下、心系苍生，所以可以通天彻地，更容易看透天道。而且他们往往能预见最糟糕的结果，从而做出更加谨慎的选择。

悲观，是一种远见、一种良知，更是一种能力。

鼠目寸光的人不会悲观，苟且偷生的人没空悲观。

相对来说，乐观是一种妥协。

经常有人说自己是一个乐观的人，那很可能是因为没有看到真相的残忍而盲目乐观，这叫"傻天真"。这种人总有一天会因为过于"天真"而遭受打击。唯有那些看透了世界的残忍之后，还能保持乐观的人，才是真正的乐观。

有人会说，那悲观和忧郁的人岂不是活得很痛苦？

其实恰恰相反，悲观到极致反而更容易走向乐观，因为接纳了最残酷的真相之后，哪怕是很小的一件好事都是惊喜。对这样的人来说，生活处处是惊喜，随时能收到生命的礼物，从而又活成了一个乐观的人。

所以，悲观和乐观同在。

什么叫开悟？当你的大脑里可以同时容纳两种截然不同的思想，并且还不会内耗的时候，就是开悟。

一旦抵达这种状态，没有你接纳不了的现实，也没有你接受不了的结果，这时才能真正明白什么叫一切都是最好的安排，从而全然活在当下。

人生有三层境界。

第一层境界：看山是山，看水是水。这种人头脑简单，但也最容易被现实世界伤害，受伤之后满街叫喊，说世界欺骗了自己。

第二层境界：看山不是山，看水不是水。这种人最痛苦，因为他们看得似透非透，努力挣扎却又无力改变，眼睁睁看着自己沦陷。

第三层境界：看山还是山，看水还是水。这种人最幸福，因为他们彻底看透了世界的真相，能做到宠辱不惊，并拥有超然的心境。

真正的高手都是第三种人，他们既是悲观主义者，同时也是乐观主义者。他们虽然经历了生活的磨难，却依然相信光明终会出现，正义必定战胜邪恶。

这也叫乐观的悲观主义者：内核是悲观的，外在是乐观的，符合阴阳之道。

这个世界只有一种英雄主义，就是在看清它的真相之后，依然热爱它。这说的就是一个乐观的悲观主义者。

人生是一场体验

人生是用来体验的，不是用来演绎完美的。

这是我活到现在才明白的深刻道理。

当我明白这句话，我开始接受自己的愚钝和平庸，允许自己出错，允许自己有情绪，允许生活有遗憾。我从此只负责拼命绽放。

如果有一天，你不再寻找爱情，而只是去爱；你不再追求结果，而只是去做……美好才刚刚开始。

人生的本质，是一切体验的总和。很多看似无意义的事，比如发呆、看日出、数星星，恰恰才是人生有趣的体验，而这些体验却是我们老了之后能回忆起的画面。

如果追求结果，每个人的结果都是一样的，那就是死亡。人和人最大的区别不是结果，而是过程是否精彩。

小学时，觉得没完成作业是天大的事；高中时，觉得考不上大学是天大的事；恋爱时，觉得和喜欢的人分开是天大的事；毕业时，觉得没找到一份好工作是天大的事。

但是，现在回头看看那些难以跨过的山，都在不知不觉中跨过去了。从前以为自己不能接受的事，最后也慢慢接受了。还是那句话，人生除了生与死，其他都是小事。

你活着的时候，没有几个人在意；你死了以后，也不会有几个人记得。请相信我，除了生病以外，你的痛苦大都是你的认知带来的，而非事实本身。

钱没了可以再赚，工作丢了可以再找，朋友没了可以再交，爱情没了可以再遇。真正的强大不是忘记，而是接受——接受分道扬镳，接受世事无常，接受孤独挫败，接受困惑不安，接受焦虑遗憾。

你只需要平静下来，把该做的事情做好。生命那么短暂，没有标准答案和完美人生。回头看，轻舟已过万重山，这就是人生。

得到未必是福，失去未必是祸。有些事你总是做不成，有些人你总是得不到，你以为错过了是遗憾，其实也可能是逃过一劫。

前世不欠，今生不见；今生相见，定有亏欠。不要害怕失去，失去的本来就不属于你。

请不要再因为鸡毛蒜皮的小事去烦恼，更不要拿别人的错误来惩罚自己。

请你用心品尝每一口饭菜，用心聆听每一朵花开，用心感受每一份爱和喜悦，这就是人生的意义。

人在二三十岁的时候，总以为年龄大一点是好的，那时会应有尽有。但一旦你到了四五十岁，无论你多么有钱、有地位，你都会怀念二三十岁时的样子。那时的你也许会感慨：无论花多少钱，你都愿意去换回青春。

所以，无论生命走到哪个阶段，都要学着享受那一段的时光，去完成那一阶段的使命。这就是活在当下。

人生总是经过得太快，领悟得太晚。有多少人说好要过一辈子，走着走着就剩下了曾经。有多少人说明天见，可醒来已是天各一方。不经意间一抬眼，人生已过半。往后余生，请善待每一天。

请大家记住这句话：人生的意义就是没有意义，当下就是意义。

可惜当我们说要"活在当下"四个字的时候，"当下"已经过去了。

所以人生是用来体验的，不是用来评判的。让我们尽情享受当下。

第三章

创　造

一切认知都是诅咒

请大家思考一个问题：认知重要吗？

听上去很重要，但其实，每一种认知都是一种障碍！

一旦形成了某种认知，你的思维障碍也就形成了！

我经常说：没读过书的人，往往会上读过书的人的当。但是读书太多的人，往往会上书的当。

学习的真正目的，是为了建立更加开放和健康的思维模型，而不是获取知识。我一再强调，获取知识的能力，远比知识本身更重要。

一个人的思维模型如果僵化落后，无论吸纳多少信息，都只是填鸭式灌输，看起来学到了很多知识点和技巧，其实根本无法应用到实践中。

每个人的资源、环境、特点不一样，机械式的照搬只能是作茧自缚，这就是很多人上了那么多课、读了那么多书，依然过不好这一生的根本原因。

很多人读了一万本书，依然大脑空空；很多人行了一万里路，依然没走出自己的脑门。关键问题是他们自以为掌握了很多知识。

读书不只是为了学习知识，更是为了学会思考。我们的目标是形成独立思考的能力，随时可以举一反三。

学习很重要，但不要成为其奴隶。只有消除对知识和技能的依赖，你才可能成为知识和技能的主人，才能保持最佳的身心状态：虚空，流动。

这样一来，你就可以在虚空的世界里漂流，无拘无束、安逸无虑。这时，你可以毫无意识地超越技术，然后就可以尽情去创新和创造。

让所有的训练和实践随风而去，让心无知无觉地工作，让自我消失到无人知晓的地方。

爱因斯坦说：忘掉在学校里所学到的每一样东西，剩下来的就是教育。学习和修行的最高境界，就是抵达"空性"的境界。"空性"是什么样的体验？就是把自己变成"管道"。

举个例子，才华不会让人痛苦，认为自己有才华会让人痛苦。

女人美的最高境界，是美而不自知。一旦一个女人认为自己很美，就会用美貌作为筹码去换很多东西，就不需要在其他方面提升了，这样反而束缚了自己的成长。等到年老色衰时，就会一无所有。

同样的逻辑，男人有才的最高境界，是有才而不自知。一旦一个男人认为自己很有才，那么他的痛苦就开始了。他会恃才傲物，不可一世，进而陷入孤苦的境界。

上面提到的，美而不自知、有才而不自知，就是一种"空性"。知道的最高境界，是不知道自己知道；高手的最高境界，是不知道自己厉害，这样反而有了平常心。

明明很优秀，但从不认为自己了不起，带着这种心态去生活和工作，烦恼和束缚就没有了，反而所向披靡。

修出"空性"的人，身心就像"管道"一样，很多灵感会流入身体并且显化出来，因此也更具创造力。

《道德经》里说：致虚极，守静笃。万物并作，吾以观复。意思是：让我们身体达到极静、虚无的状态，就可以看到宇宙运转的大道。

乔布斯打坐、禅定，到了一定阶段，就实现了"坐忘"。"坐忘"就是"管道"的状态，这时的身心都是空无的，灵感也显现出来了。苹果手机就是这样被创造出来的。

"管道"的本质，就是佛家讲的"空性"，儒家讲的"中庸"，道家讲的"无我"。

《心经》里说的"不生不灭，不垢不净，不增不减"，意思就是，当这种"空性"连起心动念都没有的时候，就可以实现永恒了。

孔子发现了这个"管道"，称它为"中庸"。"中庸"就是不偏不倚，没有立场，没有偏见，完全摈弃了那个"小我"，这是儒家修行的最高境界。

老子发现了这个"管道"，称它为"无为"。"无为"不是什么都不干，而是"无我"之后的行为，没有个人观点，没有个人情感，完全只按照规律去做事，完全融入大道当中。

只有把自己变成"管道"，才能体会那种"空无"的美妙，才能放下执念，全然活在当下，享受内心的流淌。

《天道》里说：你不知道你，所以你是你；如果你知道了你，你就不是你了。

忘记我是谁，忘记学过的方法，忘记目标，全然关注当下，这时的"我"好像消失了，一切只有当下，甚至连当下的心念都没有。这也就是《金刚经》里说的：过去心不可得，现在心不可得，未来心不可得。

只有当那个"自我"消失了，"真我"才能显现。这时的人根本不需要创作，只需要尽情流淌，伟大的作品就被挥洒出来了。就仿佛有种神秘的力量推动着我们做事，也叫"如有神助"。

正如毕加索认为他的画不是自己画出来的，而是有一个比他更大的力量在托举着他创作。

不要缅怀过去，也不要担忧未来，全然活在当下，这时的人是流淌的，"真我"被激发了，才容易创造奇迹。

心流与奇迹

孟子说：人皆可以为尧舜。每个人都具有非凡的能力，可惜不是每个人都能找到自己身上的非凡之处。

未来的人分两种：觉醒的人和执迷不悟的人。觉醒的人就是能深度发掘自己的人。《道德经》里说："夫天道无亲，常与善人。"所谓善人不是善良的人，而是善于遵循天道的人，也就是觉醒的人。

那么，我们又该如何觉醒呢？

我们经常听到一句话，叫作"天时不如地利，地利不如人和"。

其实，这句话后面还有一句："人和不如己合，己合不如神助。"

这里的"神"就是"真我"。人生最大的幸运，就是能找到这个"真我"。

人生就像一个"怪圈"，人生最难突破的就是这个圈。能逃出这个圈的人寥寥无几，这个逃出来的过程叫自强，也叫觉醒。觉醒的目的就是去感应常人无法感应的东西。

人在应激条件下其实可以激发这种能力。比如，我们经常看到这样的新闻，妈妈在危险时刻保护孩子的时候，会爆发出很大的力量；人在高度紧张的时候，视力会变好、记忆力会增强；遭遇交通事故的时候，人们能在很短的时间里记住肇事者的车牌号……这就是应激状态下激发的潜能。

这是因为人在应激情况下，注意力会高度集中，情感会被瞬间激发，这种力量一下子打开了。

那么，我们在平时怎么样才能激发潜能呢？请大家记住四个字：活在当下。

唯有当下，是不受时间控制的，因为它不在时间里面，而是在时间的间隙中。

如果我们能真正活在当下，我们甚至能感受到，自己和世界是合一的。

抵达这种境界是一种什么样的体验呢？我总结了五个字："内心的流淌"。

所谓"内心的流淌"，就是在某一时刻，我们的内心忽然流入了一股能量，这时的心田就像花儿一样绽放，从蜷缩到舒展，然后这股能量开始自由地流淌，这就是心流的状态。

很多伟大的作品都是通过内心的流淌创作出来的。正如王羲之的《兰亭集序》，是在醉酒之后完成的；李白的《将进酒》，也是醉酒后完成的。他们在那时达到了忘我的境界，当"自我"被忘记了，"元神"就被唤醒了。

我们掌握的知识和技巧越多，灵性就会越来越少，行为模式就会越来越机械化。

认知很重要，但每一种认知又会成为一种障碍。唯有健康开放的心智模型，才能驾驭更多认知，才能修炼出一种"空性"。

忘记知识、忘记方法、忘记目标，全然关注当下，任由自己的内心流淌，这样才能创造奇迹。

忘我和无我很重要。佛家强调"空"，叫"空生妙有"；道家强调"无"，叫"无中生有"。修行人修的就是这种"空无"的境界，也就是禅宗一直强调的"空性"。

那些神来之笔，那些震撼人心的伟大作品，大都是我们摆脱了对目标的控制之后，沉浸在心流中创造出来的。

古希腊哲人将这种状态称为"狂喜"，一种妙不可言的巅峰状态，内在能感受到极大的充盈。

其实，这是每个人天生具备的能力，因为每个人都是本自具足的。只是世界的本质就是一种"障眼法"，让我们迷失在红尘俗世中。只要我们能带着这种觉知生活，总有一天可以冲破障碍，显现"真我"。

"薛定谔的猫"

世上有很多神奇的现象，"薛定谔的猫"是其中之一。

看懂了"薛定谔的猫"，就看透了世界的本质。

可以说，你得到了什么，就失去了什么；你看见了什么，什么就消失；你担心什么，什么就存在。

你对它毫不在意，它也对你漫不经心。你对它越在乎，它对你越不弃不离。

比如，当你允许自己焦虑的时候，你就不焦虑了。当你觉察到自己有情绪的时候，情绪就得到了缓解。

不是树叶在动，也不是风在动，而是你的心在动。一个真正可以"掌控"自己内心的人，就能做到"心外无理，心外无物"。这就是王阳明的心学。

再比如，你的老公酗酒，你整天骂他、讨厌他，他就更苦闷，酗酒只会更严重。你可以试着理解他，买来好酒陪他一起喝，倾听他内心的苦闷，他就更愿意陶醉在你的理解和陪伴中，从而慢慢远离酗酒。

叔本华说：生命就是一团欲望，欲望得到了满足就会无聊，欲望得不到满足就会痛苦。人生就像钟摆一样，在痛苦和无聊之间左右摇摆。所以我在开头说：你得到了什么，就失去了什么。

你讨厌的、恐惧的、对立的，就会存在。你接受的、理解的、欢迎的，就会消失。

真正束缚我们的，是我们的定义、我们的认知、我们的习惯，而不是事实本身。"我"是一切问题的根源，当"我"变了，一切就都变了。

再来看看，你越在乎什么，什么就越存在；你越拒绝什么，什么就越侵扰你。当你修到心性圆满，就没有什么接纳不了的人和事，也就没有任何东西能束缚你，这才是真正的自由。

《庄子》里说：其嗜欲深者，其天机浅。凡是你想控制的，其实都控制了你。当你什么都不要的时候，天地都是你的。

《金刚经》里说：应无所住而生其心。当没有任何东西能让你牵挂的时候，你才是真正自由的。

你眼里越有谁，就越看不见谁。因为你太在乎她了，这时你看清的不是她，而是你的执念。

《心经》里说：故心无挂碍，无挂碍故无有恐怖，远离颠倒梦想……当你没有任何挂碍的时候，就没有了恐惧和是非。

真正令你恐惧的不是事实本身，而是你对事实的认知，当认知改变了，恐惧也就消失了。

自由不是为所欲为，而是对内心的松绑。

你接受什么，什么就融化在你的接受里；你抗拒什么，什么就被你的抗拒建立起来。

人生的最高境界是，允许一切随时发生。真正的强大不是对抗，而是允许与接纳。允许世事无常，允许遗憾常在。

生活本身不可预测，人性也是深不见底。你害怕是这样，不害怕也是这样，干脆做最坏的打算，允许它们随时到来。兵来将挡，水来土掩，见招拆招。这时你会变成一个柔软放松的人。

我们不能接纳的人和事会重复出现，直到我们接纳为止。

这些我们不能接纳的人和事是一面镜子，帮我们投射出自己的内心，帮我们看到自己内心的某个地方有"缺失"。当我们不接纳的时候，第一时间应该保持这样的觉知：我为什么会产生这种感觉？我内心哪里有缺憾？

比如，看到别人秀恩爱就反感，往往是因为我们内心缺爱；看到别人炫耀就反感，往往是因为我们不够自信。

再比如，当我们内心很无聊的时候，往往第一时间就能觉察到别人的无聊。别人最惹你讨厌的地方，通常也是你最受不了自己的地方，只是你自己不愿意承认而已。

我们跟外界的所有冲突，往往是我们与自己的内心有冲突，是"本我"和"真我"的冲突。世界上最难的事不是原谅别人，而是原谅自己。当我们跟自己和解了，我们也就能与世界和解了。

相反，我们越是抗拒这种冲突，反感和痛苦就会持续加剧。很多人的一生都在和外界的冲突对抗，把所有的问题都归结于环境的问题、他人的问题，这是最大的悲哀。

人生最难打破的就是偏见和"我执"，所以爱因斯坦说，打破一个人的偏见比崩解一个原子还难。

每一次跟外界的冲突和抗拒，都是生命的一次提示，也是灵魂升级的一次机会，看见它、直面它、拥抱它、兼容它，你就圆满了。

永远保持敬畏心

罗素说：这个世界的问题在于，智者总是充满疑惑，愚者才会坚信不疑。苏格拉底也说：未经审视的人生，不值得过。

让我们看看以下科学成果是怎么颠覆我们认知的。

首先是暗物质。

我们原先以为，宇宙的形态，是星球与星球之间通过万有引力相互吸引，你绕我转，我绕他转，各有各的轨道。

但后来，科学家发现，仅凭这点引力远远不能维持太阳系整个星系的运转。

也就是说，如果星球之间仅仅依靠万有引力的作用，宇宙应是一盘散沙，不可能有如此精巧的结构。

宇宙中一定还存在着某种我们不知道的物质，科学家称其为暗物质。

除此之外，科学家还通过观测发现，我们现在的宇宙一直在加速膨胀。那么，支撑宇宙加速膨胀的能量是什么？

科学家将其取名为暗能量。

科学家得出共识：广袤的宇宙是由暗物质、暗能量以及我们人类能感知到的正常物质组成的，其中正常物质只占4%，暗物质占23%，其余都是暗能量。

我们为什么要对未知事物充满敬畏呢？因为世界上确实有很多东西看不见、摸不着，但是它们就在我们身边，时刻影响着万事万物的运转秩序。

接下来，看看神奇的量子力学。比如量子纠缠现象，两个互相纠缠的量子，哪怕一个在地球，另一个在月球，当一个出现状态变化时，另一个也会发生对应的变化，超越了时间和空间的限制，量子纠缠甚至被称为"鬼魅一样的超远距离作用"。

再比如量子坍缩现象，当我们对一个处于叠加态的量子系统进行测量时，该系统会突然从所有可能的状态中选择一个确定的状态，这一过程是随机且不可预测的。

我们原本认为世界是纯物质的，现在回过头看，可能是我们知道的太少了。

物理学已经证实，物质的本质是一种能量。物质的不同就是能量频率的不同。

人的眼睛、耳朵、鼻子、舌头等只能感受到某一频率范围之内的物质，比如人的耳朵只能听到20—20000赫兹的声音，高于20000赫兹的声音（超声波），低于20赫兹的声音（次声波），就听不见了。

但是超声波和次声波又广泛存在于我们身边，在军事、医学上都有应用。比如地震来临之前，动物往往有感应，而人对此一无所知，就是因为人感受不到。

同样的道理，人的眼睛也只能看到某个频率范围内的颜色，红、橙、黄、绿、蓝、靛、紫是人眼可以看见的光，红外线、紫外线是人们看不见的，但也广泛存在于我们的现实生活中。

同样的逻辑，我们的鼻子、舌头、身体也只能感应某个频率范围之内的东西。大量的物质在我们身边，我们对此却毫无察觉。

也可以这样理解，猫和狗看见的世界跟我们人类看见的世界是不一样的，所以它们经常会莫名其妙地躁动。

很多东西就在我们身边，时刻影响着我们，我们却看不见、摸不着。我们常常把看得懂、研究得透的称为规律，把看不见、无察觉的称为命运。

我们都说眼见为实，其实，眼见的未必是实的，眼睛看不见的未必就是虚的。

不要以为现在科技很发达，我们无所不知、无所不为，其实，人类对宇宙的了解仅仅只是皮毛而已。

人类对世界的认知像瞎子摸象一样，我们摸到腿就说是柱子，摸到肚子说是墙，摸到耳朵说是扇子。

科学和迷信最大的区别在于：科学可以随时推翻自身，并得出下一个结论，然后等待被推翻。一直不能被推翻的就叫迷信。

人类就在不断地推翻自己的科学结论，比如牛顿的经典力学，刚一诞生就成了当时的真理。后来爱因斯坦的相对论诞生了，就把经典力学推翻了，相对论成了真理。再后来量子力学诞生了，又把相对论推翻了。

世界就是这样进步的。所谓"科学精神"，就是不断推翻自己的探索精神。

世界如此浩瀚，人类如此渺小。我们千万不要以有限的认知，去评判宏大未知的世界。

请对那些无形的力量保持敬畏之心。

第四章

升 华

《水浒传》里的世界观

我所理解的《水浒传》，是一个神仙下界降妖伏魔的故事。梁山一百零八将，每一个都不是凡人。他们是三十六天罡星和七十二地煞星的化身，而《水浒传》里的那些坏人，比如西门庆、镇关西等，就是祸害人间的妖魔鬼怪的化身。

每当有妖魔鬼怪祸乱人间，天神就会派一批神仙下界去降服它们，所以梁山泊打的旗号叫"替天行道"。

为什么梁山好汉每天大口喝酒、大口吃肉？因为他们在天上也是过这种日子。最后这些好汉喝了毒酒而倒下，这对他们来说反而是一种解脱，因为他们完成了在人间的使命，又回到天庭去了。

所以，《水浒传》不是一个悲剧，而是一个皆大欢喜的正剧。故事的结尾是正义战胜了邪恶，英雄们又回到天庭继续当神仙去了。

《水浒传》跟《封神榜》有点相似，它们都在讲述神魔在人间大战的故事。各种魑魅魍魉、妖魔鬼怪、牛鬼蛇神来世间祸乱众生。

世界上的很多坏人其实都是妖魔鬼怪的化身，他们打扮成衣冠楚楚、道貌岸然的样子，然后用各种方式祸害人类，让人间无法安宁。

他们将整个地球的能量带入了黑暗状态：浊气太重，戾气逼人；小人当道，好人难行。到了一定阶段，天神就会派神仙下凡来收拾他们，这也叫"邪不胜正"。因此人间不仅是人类的战场，也是神魔的战场。

只要群魔开始乱舞，就会有神仙下凡。这个世界就是这样，很多人是神的化身，还有很多人是魔的化身。自古正邪不两立，人间其实就是正义和邪恶角逐的战场。

每当地球遇到重大危难，都会从天上下来一批神仙拯救人类于水火之中，他们都是身怀重大使命的正神，他们的降生就是为了清除坏人，守护人间的正义。

这就是《水浒传》值得回味的根本原因。

《西游记》里的人生观

《西游记》开篇写道：欲知造化会元功，须看西游释厄传。意思是：要想知道人生的真谛，那就要看《西游记》。

今天我试着拆解一下《西游记》里的人生观。

我所理解的《西游记》中，孙悟空、唐僧、猪八戒、沙和尚师徒四人只是一个人。

孙悟空是人的本心，唐僧是人的佛性，猪八戒是人的欲望，沙和尚是人的双手。

先看本心。《楞严经》说，心有七十二相。悟空也有七十二变。因为人心善变。《金刚经》里说：云何降伏其心？师徒四人在西天路上打妖怪，其实指的就是一个人自除心魔的过程。

孙悟空本领那么大，也逃不出如来佛的五行山，五行山象征

"贪、嗔、痴、慢、疑",即便是上天入地的孙悟空,也会被这五毒所困,这就是我们的心。

炼心能使人心明眼亮,所以八卦炉炼就了孙悟空的火眼金睛。悟空的眼睛亮了,就象征着心被打开了。这就是阳明心学讲的"致良知",儒家讲的"止于至善",禅宗讲的"明心见性"。

孙悟空后来打死了六个强盗,这六个强盗的名字分别是:眼看喜、耳听怒、鼻嗅爱、舌尝思、意见欲和身本忧。这就是在用心清除自己的六根,代表六根清净。

孙悟空一个筋斗可翻十万八千里,正好是到西天的距离。意思就是,西天再远,一个念头也就到了。如果你能转念,就不需要经历九九八十一难和十万八千里;如果放不下你的执念,那就要等着社会的千刀万剐。

观音菩萨曾化身乌巢禅师传授唐僧《心经》,并对他说:"佛在灵山莫远求,灵山只在汝心头。"可惜唐僧在抵达灵山后才明白其中的内涵。

唐僧代表我们的佛性。众生皆有佛性,人人都有佛心。这颗佛心不同于孙悟空的虚妄之心,它是那个"真我",是先天之心。

唐僧无论遇到什么事情，看到的都是美好，永远相信他人原本善良，坚信人人皆具佛性。他身上那种永远相信美好，永不放弃的精神，就是佛性最光辉的一面。

为什么取经路上唐僧差点留在女儿国？因为人这一生最难过的是情关。女儿国是最难过的一关，比降妖伏魔还难，因为人本身就是因欲念而生的。

猪八戒代表我们的欲望。贪财好色，好吃懒做，面对危险就想回高老庄，这都是人本能的反应。心理学称其为"本我"，掌管我们的情绪和欲望。

沙和尚代表我们的双手，任劳任怨地干活。我们的双手很矛盾，有时要听身体的，有时要听内心的，有时还要听大脑的。

很多人双手勤劳，但是大脑和心是懒惰的，他们经常用双手的勤奋掩盖大脑的懒惰，或者用大脑的灵活掩盖心的麻木。

七个蜘蛛精代表人的七情六欲，就像蜘蛛结的网一样把人困住。白骨精的三个形象分别代表了一个人的情、爱、欲，孙悟空将它们全部打死，意指只有心能降伏情欲。

每个人的人生都是一部"西游记",也是一个排除万难、明心见性的过程。

到了西天之后,佛祖之所以给唐僧"无字经",是因为"无字经"才是"真经"。这一路走来的"经历"远远胜过"经文"本身,取经的过程比取经的结果更重要。

这一路的经历让人升华,这也是西天取经的真正意义。至于那些经书是"相",一旦到了西天还在执着于那些经书,说明因为"着相",还是没有开悟。

一个人,若能在历尽万难后,依然保持热忱之心,即使未到西天,也早已成佛。

四大名著展现的世界观和人生观

中国的四大名著都是在探讨人生的终极意义。作者参透了人生的真相，然后将其写成小说，让大家去领悟。

悟到其中玄机的思想就升华了，悟不到的就当看热闹了。俗话说：外行看热闹，内行看门道。今天，我们来拆解一下四大名著展现的世界观和人生观。

首先，人究竟来自哪里？

按照四大名著的说法，其实很多人压根不属于这个世界。他们是来历劫的，或者是携带使命而来。一旦历劫完成，或者使命完成，就可以回天上去了。

《西游记》中的唐僧、孙悟空、猪八戒、沙和尚，《红楼梦》中的神瑛侍者贾宝玉、绛珠仙子林黛玉……都是从天庭下凡，或带着使命下山的，都是来历劫的。

四大名著里面的生命是分维度的。它有三个维度：第一个是各路神仙；第二个是形形色色的人；第三个是各种各样的妖精。

其次，妖精从哪里来？比如某个动物忽然有一天开悟了，发现做动物毫无意义，就会刻苦修行。在历经几百年、上千年的修行后，就可以变成妖。

动物修成的叫妖，植物修成的叫精。它们修成人之后还可以继续往上深造，修成神仙。

同样的逻辑，某个人忽然有一天开悟了，发现做凡夫俗子毫无意义，也会开始修行，得道之后会成为神仙。

在四大名著里，人间就是天庭管辖的一座监狱。有很多在天庭里犯了错的神仙，会被关押到人间，成为凡夫俗子，接受下放和改造，改造成功之后再返回天庭。

人间也是各种动物和植物梦寐以求的乐园。在《红楼梦》里，有一块女娲补天落下的石头，有一次听到一僧一道在讲人间的很多繁华，它就乞求这两人帮它变成人，体验人间的繁华。

僧人说：人间确实有很多繁华，但是也有很多痛苦。那块石头说：为了体验人间繁华，自己愿意承受这些痛苦。于是，这块石头就被转世成了人，也就是贾宝玉。

动物要修行几百年才能成为人，人要修行很多世才能成仙，就像游戏里的打怪升级一样，生命的本质就在于升级自己的维度。所以我经常说：请大家珍惜做人的机会，因为你不知道前世修了多少年，这一生才能生而为人。

为什么中国被称为"神州大地"？因为这片土地最适合修行。

人间非乐土，各有各的苦。上帝说：你们每个人都有罪。佛曰：众生皆苦。我们是来人间修行的，就像积分制，每每行善就能积累功德，功德圆满方可升级。

人的组成是很复杂的，每一个人来到人间都是背负着任务的。每一个生命都有出处，每一个生命也都有归宿。

只是很多人活得很迷茫，不知道自己这一世的任务和使命。就像稻盛和夫所说：人生的意义，是我们在离开的时候，生命的维度比来的时候高一点。

　　所谓看破红尘，其实就是不再被世间的假象所迷惑。红楼一梦何时醒，西游过后再封神。通过修行而跳出三界外，不在五行中，才是人生的真正意义。

开悟曲线

一个人的开悟需要经历五个阶段，如下图所示：

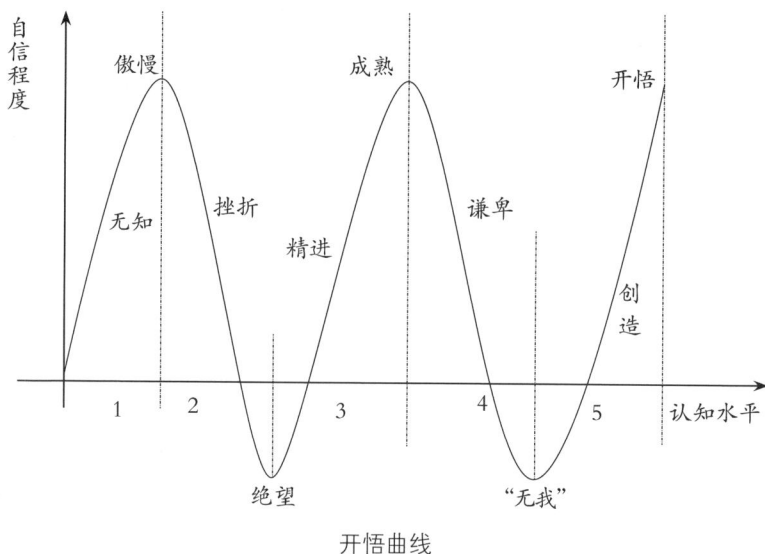

开悟曲线

第一个阶段是从无知到傲慢，这个阶段也叫无知者无畏，自以为是，一直走向愚昧之巅。

第二个阶段是从傲慢到遭遇挫折，再到绝望，因为无知且自信而遭遇了现实的打击，一下跌入人生低谷。

第三个阶段是从绝望到精进，再到成熟，经历绝望之后开始痛定思痛，重新爬起来，一点点学习进步，实事求是，终于再次走向自信，这才是真正的自信，也叫成熟。

第四个阶段是从成熟到谦卑，再到"无我"，这也叫"空性"，有才而不自知，永远把自己放在最低点的位置。

第五个阶段是从"无我"再到创造，带着"无我"的心态去做事，拿掉"小我"，没有了"我执"，一切只按规律去做事，往往可以所向披靡，直到开悟。

一个人的觉醒也是经历下面五个阶段，如下图所示：

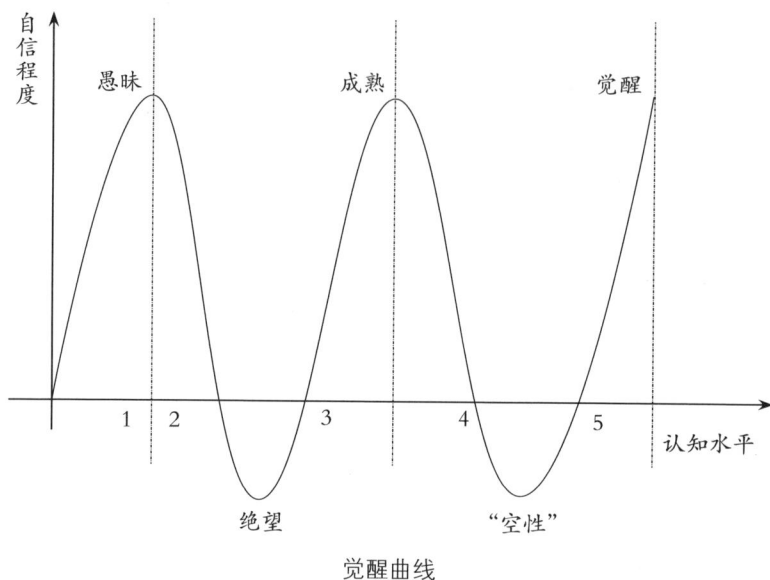

自
信
程
度

愚昧   成熟   觉醒

1   2   3   4   5   认知水平

绝望   "空性"

觉醒曲线

这五个阶段分别是：愚昧、绝望、成熟、"空性"、觉醒，这些阶段跟开悟的五个阶段非常相似。

我们生命的维度也是一条类似的曲线，只是维度在逐渐升高，如下图所示：

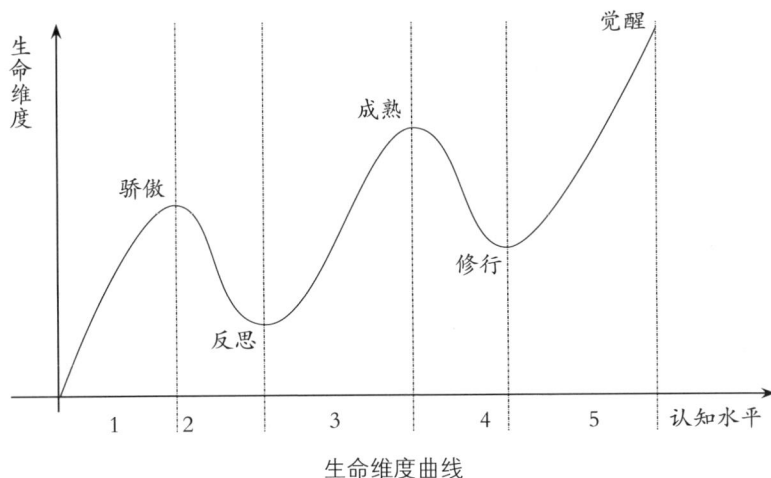

生命维度曲线

第一个阶段是骄傲，因为无知而骄傲。

第二个阶段是反思，因为失败而反思。

第三个阶段是成熟，因为精进而成熟。

第四个阶段是修行，因为觉察而修行。

第五个阶段是觉醒，因为圆满而觉醒。

我们的思维也有三个阶段，如下图所示：

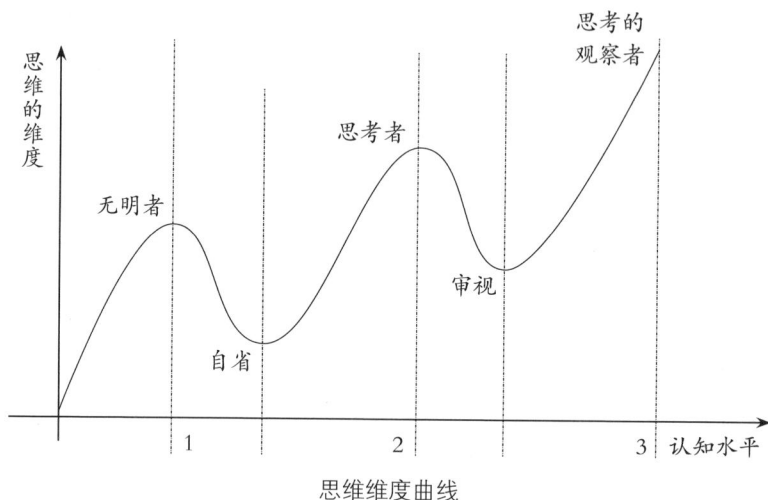

思维维度曲线

第一个阶段是无明者，就是无知无觉，对自己的行为完全没有觉察。

第二个阶段是思考者，开始思考自己行为背后的动机，有觉察地活着。

第三个阶段是思考的观察者，就是"我"看着"我"在思考，能自己掌握自己。

人生也有三个阶段，如下图所示：

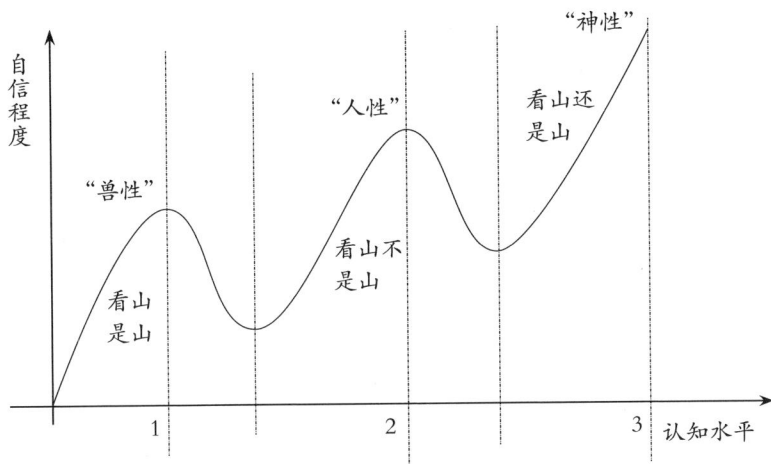

一波三折的人生曲线

第一重境界，没有思考能力，只能全盘接纳，所以看山是山，看水是水。

第二重境界，学会了独立思考，开始质疑和审视，所以看山不是山，看水不是水。

第三重境界，抽丝剥茧，把复杂的事情简单化，所以看山还是山，看水还是水。

这也是人生的三个阶段，分别代表"兽性""人性""神性"。

"兽性"，是不会独立思考。

"人性"，是学会了独立思考。

"神性"，是成为思考的观察者。

人生最难的，就是从"人性"到"神性"的升级，但是抵达"神性"是人类脱离痛苦的唯一方式。

完成这个升级之前，是"我在活着"；完成这个升级之后，是"我看着我在活着"。

让自己看着自己的各种"行动"，随时纠正自己，这是一种极其强大的能力，它可以让我们站在高维俯瞰自己，俯瞰众生。

所谓"举头三尺有神明"，这个神明不是别人，而是"高维的我"。他一直在你的头顶注视着你，如果你觉察到了他，你就是他。

这就像玩游戏，之前你总以为自己是游戏的主角，一直在努力"打怪"。后来忽然有一天，你发现自己不再是游戏的主角，而是玩游戏的那个人。一瞬间你就能看清自己很多的问题。

我们了解自己的过程也分为五个阶段：

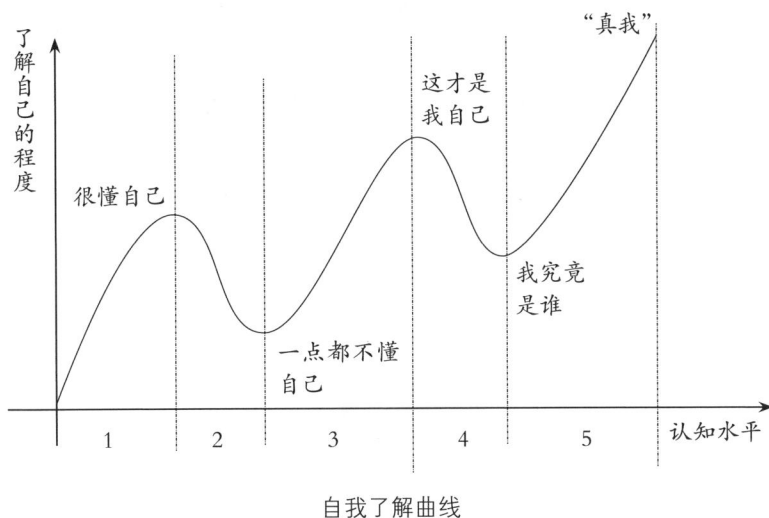

自我了解曲线

第一个阶段是我们自以为很懂自己。

第二个阶段是随着了解的深入，我们忽然发现自己一点都不懂自己。

第三个阶段是我们通过学习才发现，之前我们了解的只是表面的自己，现在才了解真实的自己。

第四个阶段是我们忽然在某一天又开始深究自己了：我究竟是谁？我从哪里来？要到哪里去？

第五个阶段是"真我"的显现，我们终于找到了自己的天赋和使命，以及今生要完成的任务。

一个人的幸福感跟收入水平的关系也分为五个阶段，如下图所示：

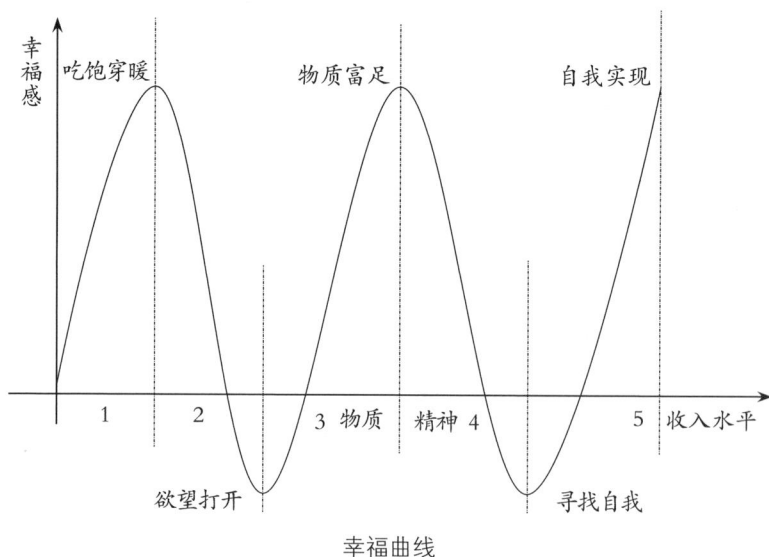

幸福曲线

第一个阶段是我们的收入刚够解决温饱问题的时候，幸福感很强，别无他求，非常知足。

第二个阶段是当我们的收入开始有剩余的时候，欲望就被打开了，开始思考买车、买房的问题，会忽然觉得自己缺很多东西，于是拼命挣钱。

第三个阶段是我们通过努力终于在物质层面实现了富足，开始享受物质生活带来的快乐和满足。

第四个阶段是当我们的物质富足到一定程度，又会陷入精神的迷茫，我们开始思考自己为什么活着。

第五个阶段是我们开始探索精神方面的需求，思考自己存在的社会价值和意义。

人类的幸福感与生产力发展水平的关系，也是同样类似的五个阶段，如下图所示：

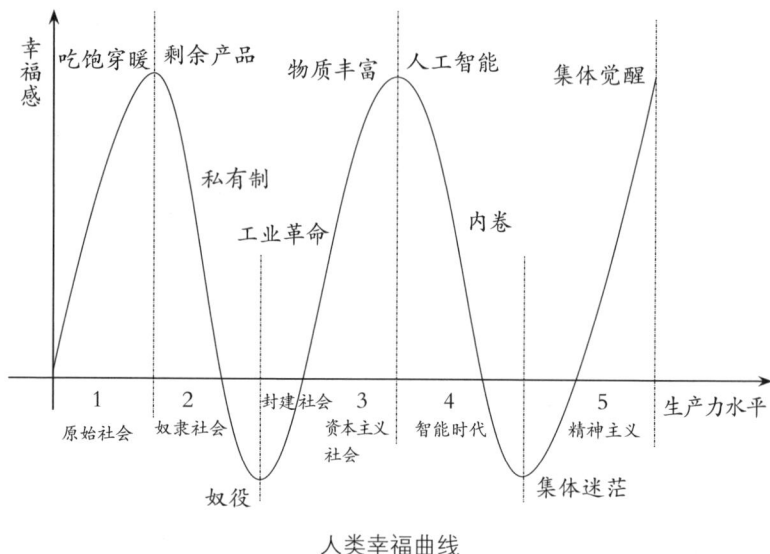

人类幸福曲线

第一个阶段是原始社会，人们的物质只能够维持大家吃饱穿暖，所以大家之间没有争夺，也没有阶级。幸福感看起来很强。

第二个阶段是随着剩余产品的出现，人类有了私有制，也有了剥削和奴役，于是社会被撕裂。

第三个阶段是随着生产力的进步，人类步入了封建社会，尤其是在工业革命和资本主义诞生后，人类物质极大丰富，幸福指数飙升。

第四个阶段是随着人工智能、大数据/算法的出现，很多人面临失业，人类越来越内卷，贫富分化严重。很多人成了无用之人，被"圈养"起来，人类出现了群体性迷茫。

第五个阶段是当社会内卷到一定程度，人们无法再外求，只能被倒逼着内求，开始修身养性。修行的人会越来越多，觉醒的人也会随之越来越多。

个体觉醒

第二部分

第五章

悟 己

破 旧

最大的错误

我们犯的最大的错误，就是经常站在现在的角度去批判当初的自己。

有个词叫"悔不当初"。我们总认为假如事情能从头再来一遍，或者时光能够倒流，自己一定可以做得更好，可以做出更加正确的选择，并为此经常陷入自责和后悔中，其实这是人最大的执念。

我们要明白一个道理：我们的每一个行动、每一个决策，都是当时心智水平下的最优化选择，即便事情能重来，时光能够倒流，以你当时的认知水平和心智模式，依然会做出同样的选择。所以"悔不当初"就是一个伪命题。

另外，就算我们当初选了其他道路，也未必有更好的结果，另外的路也会产生新的烦恼。所谓重新选择，也只是换一种方式遭遇坎坷而已。

　　人都在碰壁中成长，在失去后学乖，在跌倒后长智慧。与其为过去的选择感到可惜和遗憾，不如擦干眼泪继续向前走。

　　人生那么多条路，无论你选择了哪一条，最后都会后悔，总觉得当初其他的道路会更好。千万不要站在现在的角度去批判当时的自己，请回到当下，回到你当前的选择，脚下的这条路就是最好的路，身边的人就是最能度你的人。

　　请珍惜你的当下，珍惜你的眼前人。

臆　想

————

我们所有的担忧、恐惧，几乎都来自我们的想象。

真正伤害我们的，往往并非事件本身，而是我们对事件的认知。

我们不是活在客观世界里，而是活在自我臆想的世界里。

绝大部分人一生都无法冲破这个臆想的世界，所以他们一生都在自我迫害。

现 象

———

中国仅用40年就走完西方200年的路，这必然导致大部分人都是诚惶诚恐的状态。大多数人无法安稳度过一个完整的职业生涯周期，需要以5倍速赚取生活安全感，也会以5倍速失去职业护城河。

所以，我们容易一有事干很焦虑，一没事干很抑郁。一没共识就内耗，一有共识就内卷。这是正常的现象。

痛苦的根源

无法做自己，才是一切痛苦的根源。绝大多数人都在努力成为别人眼中的自己，一边活在别人的眼光和评价里，一边又要直面内心的声音，所以才会内耗。

唯有回归"真我"，人生才有意义，价值才有尺度。

回归"真我"之前，人生看似有无数的选择和可能性，其实只不过是障眼法，来测试你对自己的认知和定力。当你找到自己，它们顿时消失。

我从未见过一个自律、勤奋、爱学习的人抱怨命运不好的。我也从未见过一个自信、坚持、踏实的人抱怨社会不公的。

人们对于外界的抱怨，很多是因为在逃避内在的成长。厉害的人，不是从不失误，而是从没放弃成长，从没有放弃寻找"真我"。

唯有坚强的意志，开放的思维以及自我审视的勇气，才能帮我们真正找到自己。

世界从不会辜负那些一直在努力并且不断反思自己的人。

三把枷锁

每个人身上都有三把枷锁，把我们牢牢锁住，让我们成为"囚徒"。

第一把枷锁在手上，锁住的是我们的行为习惯。很多人恶习难改，始终是一个行为模式，在原地不停地打转和重复，消耗光阴。每一天都是毫无意义的重复。

第二把枷锁在头上，锁住的是我们的思维模式。很多人的大脑是一个固化的脑回路，每次遇到事情都会陷入老旧思维里，认知闭环不停地重复运转，无法跳出自己的思维牢笼。思维打不开的人，无法突破现状。

第三把枷锁在心上，锁住的是我们的心念。很多人一生都无法走出自己的执念。这把无形的枷锁最难打开。俗话说：心生万法。心结打不开会衍生出各种问题，很多人生病的根结都在内心。

这三把锁分别锁住了我们的双手、大脑和内心。

我们被锁住的能力分别是：执行力、认知力和觉醒力。

人生最重要的任务就是撬开这三把枷锁，走向强大。

破　杂

双向奔赴

攻击性

思维和执念

"损失厌恶"

双向奔赴

人生最大的悲剧就是，辛辛苦苦大半生，攒够了金钱，攥着一大堆航空公司积分，却茫然四顾，不知道该去见谁，也不知道去往何方。

人生最大的幸福就是，我们用自己的奋斗换来一场奔赴，奔赴千里之外，见自己想见的人，朝圣自己向往的地方。

我们之所以那么努力，就是为了将来有一天如果遇见让你特别向往的心安之地、心安之人，可以有一种说走就走的冲动，来一场千里之外的奔赴。这就是奋斗的意义。

世间最美好的事莫过于双向奔赴：当你做好了准备，那个人刚好出现；当你奋不顾身奔向那个人，他/她正敞开怀抱拥向你。

你的每一个语无伦次的表达，他都能契合又热烈地回应你。我满腔热忱，你饱含深情。我跨过山海朝你狂奔，你也在披荆斩棘向我而来。

永远不要丧失热泪盈眶的能力。

攻击性

越美好的关系，越能激发你阴暗的一面。

良好的关系可以激发你的美好，但是美好的关系可以帮你释放内心的阴暗。每个人都有攻击性和负能量，因为每个人都有身不由己的时候，都需要在某些方面做出妥协。一旦你遇到了让你彻底放心、安心的人，内心阴暗的部分就会自动释放。那是一种如释重负的感觉，你终于可以放松地做自己，很多天性和本能就会流露出来。

一个真正懂你、爱你的人，会包容你的阴暗面，因为这也是爱的一部分。当两个人互相照见并包容彼此最真实的那部分，这才是真正的相爱。

这种攻击性的释放，对我们的身心健康有利。真正爱你的人可以化解你的阴暗，但愿你能遇见这个人。

思维和执念

世界上最大的牢笼是人的思维，世界上最大的枷锁是人的执念。

绝大部分人一生都活在自己的世界里，每一天都在重复昨天，作茧自缚，把自己围困住。

真正困住我们的，根本不是方法、技巧、答案，而是我们内心始终不敢面对的执念、自卑、敏感。

你害怕抛头露面，害怕陌生，害怕改变，总是重复你习惯的事，活在你熟悉的圈子里，做没有挑战和风险的事。

别人说你两句就吃不好、睡不好，别人一个眼神就让你的内心波澜起伏。记住，内心越脆弱，内耗越严重。

你所有的不安、烦躁、焦虑、压力，都源自你幻想的可能会发生的事情，而不是真正发生的事情。

你不是在纠结过去，就是在担心未来，从没有活在当下，所以你才会有无穷无尽的恐惧和焦虑。

你大胆地豁出去一把又能怎么样？你没有什么好失去的，其实根本没人在意你，大家都那么忙，是你自己想多了。

"损失厌恶"

大家有没有发现一个有意思的现象：朋友向你借钱的时候，好话说尽，并会承诺很快还你。但是让他们还钱的时候，反而是你很不好意思，就像你欠他钱一样，而且对方总是很不情愿。这就是人性。

心理学上有个说法叫"损失厌恶"效应，即损失一件东西带来的负面感受，比得到这件东西带来的正面感受强2.5倍。比如我们丢掉1000元，那么我们要捡回来2500元才能心理平衡。

人们在借钱的时候会很满足，那是因为他们在没有付出的情况下得到了一笔钱。而当他们在还这笔钱的时候，总会感觉到自己在损失。失去1000元带来的痛苦，远比得到1000元带来的快乐要大，所以他们反而觉得自己亏了。即使他们会还钱，也是很不痛快的，像挤牙膏一样一点一点地还你。

借钱容易还钱难就是这个道理。

　　我们在拥有一件东西的时候总是毫不在意，一旦失去这件东西就会有巨大的损失感，就会回忆起它的种种好处，追悔莫及。

　　人们对于已经拥有的往往抛之脑后，天天向往自己还没得到的东西。

　　谈恋爱的时候也是这样，另一半对我们的好我们往往习以为常，甚至认为是理所应当的，一旦失去，才明白对方的珍贵。

破　局

什么才叫见过世面?
_____

潜意识
_____

反　思
_____

重建认知
_____

自我修行
_____

允　许
_____

行　动
_____

什么才叫见过世面?

不是去过某些高档场合，穿过一些大牌衣服，或者去过某个地方旅游就叫见过世面。真正的见过世面是当人性在你面前徐徐展开，当各种匪夷所思的行为在你面前暴露，你却如此宁静与坦然，因为你早已体会人生百态。

见天地之道，见众生之相。世面就是世界的每一面，见过最好的，且不以物喜；知晓最坏的，且不以己悲。乱花渐欲，不坠青云志；腹有诗书，不夸夸其谈。

见过世界的光明与阴暗，体会过人性的复杂多变和喜怒无常，能做到不急不躁，风轻云淡，和光同尘；允许一切发生，允许一切如其所是。

能想象富裕的人富到什么地步，也能体会到穷困的人穷到哪个程度。而你在他们面前不卑不亢，可以和他们和睦相处。

　　既被繁华震撼过，又被质朴感动过，配得上最好的，也能承受得住最差的，在这两者之间悠然地丈量着生命的宽度。

潜意识

我们觉察不到的东西，就在操控着我们的命运，心理学家称其为潜意识。

如果你不能觉察到自己的潜意识，它就会掌控你一辈子。

觉察即改变。一旦你觉察到了它，它就会自动消失，这就好比量子坍缩，当有观察者介入的时候，它就自动坍缩了。命运是这样，杂念是这样，潜意识也是这样，当你觉察到了它，它就自动消失了。

真正阻碍我们成长的不是方法、资源或技巧，而是我们内心深处的虚荣、自卑、阴暗等。我们一直在逃避它们，一旦你直面它们，它们就坍缩了。

反　思

你若抽不出时间创造自己想要的生活，必将花更多的时间应付自己不想要的生活。

你若总是把改变推到明年、后年，必将付出更大的代价，来维持不改变的今天、明天。

你若总是把精力用来关注他人和外界，必将怠慢那个最需要被关注的自己。

重建认知

在我们生活的包围圈里，发生的一切都可以合理解释，但它就是很诡异地束缚你的命运。

那些觉醒过来的狠人，都是历经千辛万苦跳出了这个圈，而且摧毁了几十年来形成的固化思维。唯有如此，才可以在废墟上建立新的独立思考方式，并把以前被颠倒的一切，完全颠倒回来，逃离原有的认知圈，去接触和见识更大、更广的世界。

自我修行

如果一个人不能觉察自己的潜意识，就会被潜意识操控一辈子。

在某种意义上，我们甚至可以这样理解，你身边的那些人，其实都是你的潜意识。

他们是你的投射，是你的镜子，呈现了你的内在；你对外界的一切表现，都是你内在压抑的呈现。

我们因何压抑？因为不能真正做自己，活在别人的眼里，活在自己塑造的"标签"里，活在自己的妄念里。

外界只是把这些压抑投射了出来。有时我们看似对他人有情绪，其实是对自己无能的愤怒，是对自己无力改变现状的愤怒。

当收到外界的反馈时，我们应该第一时间向内觉察自己，跟自己的潜意识沟通，时间久了就会跟自己的潜意识和谐相处。

知人者智，自知者明。内观、自省、觉察自己的起心动念，是非常好的修行路径。

允 许

———

人生最高境界的两句话是：允许一切发生，允许一切如其所是。

包括但不限于允许一切荒唐的事发生，允许一切丑恶的人存在，允许别人做别人，也允许自己做自己。

做最坏的准备，有勇气接纳各种最差的突发情况，往往才有机会遇见最美好的人和事，这是上天对勇敢者的一种奖赏。

真正的强大不是对抗，而是允许与接纳。允许世事无常，允许遗憾常在，允许有人不喜欢你。这是一种胸怀和格局。

当你允许一切发生之后，你会变成一个柔软放松的人。

生活不过是见招拆招。之前你最担心的情况都不用害怕了，于是每一件事都是好事；之前你最喜欢的人你都不期待了，就没有什么能让你失望了。

行 动

————

一位90岁的老奶奶说她人生中最后悔的事情是，60岁时想学拉小提琴，但是觉得太晚了没有去学。如果从那时候开始学的话，现在已经学了30年了。

请大家记住，只要是适合你的事，只要开始干了都不晚。人生最可怕的，不是开始得太晚，而是从未开始。

无论你多大年龄，你最想做某件事的那个瞬间就是开始做的最佳时机。

种一棵树最好的时机有两个，第一个是十年前，第二个是现在。

你所浪费的今天，是昨天死去的人奢望的明天。

你所厌恶的现在，是未来的你回不去的曾经。

第六章

悟　人

思 危

自由和被奴役

人是一种很奇怪的生物，人们总以为自己需要的是自由，其实需要的是被奴役。

为什么呢？因为自由的背后是自律，是责任，是义务，而人性是想逃避责任和义务的。奴役的背后是依赖，是圈养，这才是符合人性的。

人人高喊要自由，其实是想放纵自己。人不是在追求自由，而是在追求被奴役。奴役意味着可以放弃成长，可以偷懒，不用再去思考。

只要灵魂不觉醒，人就会一直被奴役。如果人们真的彻底自由了，随心所欲了，一定会优先选择最容易上瘾的东西，而不是最有价值的东西。因为让人上瘾的东西才符合人性。人性最阴暗的一面会被激发，尽管这会让人堕落、沉沦，但是人们会前赴后继。

越是自由无束的社会，三观不正的东西越容易流行，越偏激的观点越容易得到流传和加强，而正能量的东西越容易被忽略，因为它们不新奇，不符合人性。

人是需要被管理和约束的，如果完全放开了，对人性不加以约束，让人们自由选择和交易，人们会以最快的速度走向堕落和毁灭。

因此，自由才是最大的幌子，也是人类走向毁灭的导火索。

究竟什么时候才能实现自由？只有当每个人都明白了自己的义务和责任，都能做到自律的时候，才能有普遍形式上的自由。这需要人性的成熟和灵魂的觉醒。

世界就是一座围城，里面的人想出去，外面的人想进来。人们都以为跟自己相反的地方就是自由之地，其实不过是另外一个牢笼。

物极必反

情深不寿，慧极必伤，刚满易折，红颜命薄。

用情太深、太过聪明、性格太刚，或者长得太好看，都不是好事。

毕竟物极必反，事物太极端就会走向对立面。

上天每给你关上一扇门，就会为你打开一扇窗。

命运的每一份馈赠，早已偷偷标注好了价码。

"毒鸡汤"

现在的离婚率越来越高，"剩女"越来越多，其实也有资本惹的祸。

先举一个例子。

无论是短视频还是真人秀，都在提倡姐弟恋，女方通常会比男方大5—15岁，男方往往是颜值高的"小奶狗"。这其实就是在满足剩女的幻想，为了缓解大龄单身女性的情感焦虑，告诉她们无论你多么大了，哪怕离婚好几次，依然会有年轻帅哥疯狂追求你，大把优质的男人在后面排队等你。这是典型的"毒鸡汤"。

要知道，十年前电视剧最流行的题材还是霸道男总裁爱上"灰姑娘"。那时的女人都还小，都渴望霸道总裁爱上自己，结果这些电视剧害了一代年轻女人。

再举一个例子。

资本一直在倡导消费主义和物质主义。它们一直在暗示女性：给你花钱的男人不一定爱你，但不给你花钱的男人一定不爱你。唯有消费和物质才能体现真爱，一定要让男人为你多花钱。

于是，现在从年初到年末，全是资本造出来的节日：情人节、女神节、七夕节，甚至还有秋天的第一杯奶茶等。过节总要有仪式感，礼物、红包、电影、吃饭一样不能少，全都是消费。

在资本的"洗脑"下，女人心中的男人就该有钱、大方。于是，她们开始看身边的男人不顺眼，埋怨这些男人不会赚钱，不懂得浪漫。

看看现在的社会吧，多少女人沉醉于短视频里的"毒鸡汤"，以及商家的各种"洗脑"式营销，并且深陷其中不可自拔。随着时间的推移，现实与理想的差距越来越大，剩女越来越多，婚姻也面临着崩溃。

商业的本质是制造焦虑。只有我们焦虑了，才会不停地买，才会去外求，资本才有机会牟利。如果每个人的内心都圆满了，就没有人去消费了。

所以，资本就是要一边制造焦虑一边贩卖"安慰剂"，而绝大多数人终其一生也只是资本的"棋子"而已。

唯有开悟和灵魂的觉醒，才能在浮躁的社会里安身立命。

为什么各种骗局层出不穷？

这是一个公平的社会，它不断地通过各种方式筛选出"傻子"和"骗子"。"傻子"就是愚昧无知的人，"骗子"就是不择手段的人。这两种人都会影响社会的发展，所以要把这两种人筛选出来。

怎么惩罚他们呢？蜘蛛结网，飞蛾自投。

先由"骗子"去做各种局，等待"傻子"上当，一个愿打一个愿挨，当"傻子"被"收割"之后，再让法律去惩罚"骗子"。这样，这两种人都会被"一网打尽"。

"傻子"虽然很可怜，但可怜人必有可恨之处，"傻子"的无知是导致自身悲剧的根源。

很多人看不惯他们被骗，总想提醒他们，但是当你提醒"傻子"要小心时，最应该小心的其实是你自己。因为这时你既得罪了"骗子"，也得罪了"傻子"。

对于"骗子"来说，"傻子"的无知是他们利益的来源，你要是唤醒了"傻子"，"骗子"就没饭吃。

而对于"傻子"来说，你所谓善意的提醒，不仅改变不了他们，反而会毁灭他们的幻想。真理和谎言对于一个无知的人来说并无分别。

动"骗子"的利益，如同动他们的性命；动"傻子"的认知，如同刨他们的祖坟。所以，把这个真相公之于众的人，会同时受到来自"骗子"和"傻子"的双重打击。

毁掉现代人的两大"杀手"

毁掉现代人的两大"杀手"分别是内卷和内耗。

内卷是外部的，是人跟人过不去。内耗是内部的，是自己跟自己过不去。

先看看内卷，内卷是充分竞争的结果，也是社会进步的必然。未来无论哪个行业，都只有少数人能赚到大钱，大多数人只能赚到辛苦钱。

无论你做什么产品，提供什么服务，只要还有利润空间就一定会被人抓住机会。因为我们的产品和服务的同质化会越来越严重，而我们又一直在打"价格战"，导致消费者对价格很敏感，比价又很容易，所以就更内卷了。进一步来说，这是人的同质化导致的。

从经济层面讲，内卷是长期野蛮粗放的增长方式造成的，无论做什么都一拥而上，商家只在乎眼前利益，又没有被合理地引导，缺乏长远的系统规划。这种发展方式就是饮鸩止渴，到后来只能自食恶果。

再看看内耗，绝大部分人的欲望被拔得无限高，但是认知水平和能力徘徊不前。于是，眼高手低，有赚一个亿的欲望，但只有一天的耐心。现实和理想落差太大，想法很多，但无从下手。

他们的内心早已千疮百孔，就只能四处寻找情绪安慰。这就是短视频和直播那么火的原因，比如看到别人更惨，就会得到安慰；看到别人出丑，就会有发泄感；看到心灵"鸡汤"，就会感到鼓舞；看到别人在吃美食，就会有强烈的代入感。关掉这些内容，内心又会空虚，需要刷到下一个"情绪安慰"，就这样不停地刷下去。

他们一直在跟自己做斗争：既逃避现实，又需要从现实中获取安慰；既逃避真实的自己，又想让自己强大，看到"鸡汤"蠢蠢欲动，一觉醒来一动不动。

这就是很多人的宿命，精力都消耗在内卷和内耗上。未来只有少数人能活出自己，这种人最典型的特征就是"反本能"和

"反人性"。他们不随波逐流，坚持走少数人才走的路，比如长期主义、独处、看书等。

　　愿你能成为这少数人。

为什么很多人的宿命就是被收割?

因为"巨婴"活在懒惰、虚荣和幻想里,他们只会为三种东西买单:

第一种是很容易懂且很容易用的东西,这是懒惰心理。

第二种是听不懂但感觉很高档的东西,这是虚荣心理。

第三种是能安抚千疮百孔的内心的东西,这是幻想心理。

这也是人性的三大需求。

所谓懒惰,就是不想通过学习提升自己,只想走成功的捷径。

所谓虚荣,就是永远把大钱花在那些虚荣的头衔和外在上。

所谓幻想，就是特别容易沉溺在能给自己带来情绪安慰的"鸡汤"里。

他们的要求只有骗子才能满足。

因此，贩卖技巧、制造焦虑和兜售希望是吸引他们的三大法门。

为什么很多有钱人变穷了？

钱的好处虽然很大，但它的反噬力更大。一个人如果没有很高的德行、贡献、智慧，很难扛住这种反噬力。

人一辈子的财富有一个临界值。一个人的"劣根性"被金钱暴露的财富值，就是财富的极限。

在中国有那么一批人，他们的运气非常好，赶上了闭眼都能发财的好时代，也赶上了资产升值的最好时期，完成了财富的原始积累。这就叫"野蛮生长"。

但是他们的认知和财富并不相称，出来混总有一天是要还的。于是，各种惨剧就发生了。这两年这些人都被收割得差不多了，包括生意难做、投资失败、教育出糟糕的下一代，等等。

人生的两大悲剧和两种痛苦

人生有两大悲剧：第一种是没有得到你想要的；第二种是得到了你想要的。

人生有两种痛苦：第一种在成功之前，第二种在成功之后。

依　赖

依赖任何人都不是捷径。

大树底下无大草，能为你遮风挡雨的，同样也能让你不见天日。

思 退

什么是因果？

"智者不入爱河"

为什么人们会越来越焦虑？

人一旦开悟，还会爱上别人吗？

圣人有情还是无情？

世界上最好的关系

生各有时

交 流

看 见

什么叫收买人心？

人与人之间最好的状态

什么是因果？

千万不要打扰别人的因果，因为业力会转嫁给你。

那么，究竟什么是因果？

凡是劝不动的、拦不住的，那就是命。只要这个人怎么都不听劝，那说明这条弯路，他必须走；有些劫难，他必须历。

因此，千万不要去打扰他人的因果，也不要轻易去度人。烂泥趴得好好的，你非要给它扶上墙。咸鱼躺得好好的，你非要给它翻个身。朽木活得好好的，你非要把它雕成才。究竟是他有执念，还是你有执念？

你的好心并不一定是他所需要的。允许身边的人犯错，看着他们接受惩罚，是一个人最大的慈悲。哪怕是兄弟、夫妻、父母，都不要试图改变他们，否则你会掉进去出不来。

千万不要轻易叫醒一个人。就算你的修行已经很高，也不能轻易唤醒一个人。绝大部分人活着是为了睡得更香，而不是为了觉醒。

当你的认知超出了对方，他就会本能地防御和抵抗。每个人都在证明自己是对的，自己的尊严不可被侵犯。试图去改变、纠正、唤醒别人，是执念。

一个人的觉醒，1%靠人提醒，99%靠社会的千刀万剐。人不是被叫醒的，而是被痛醒的。

不撞南墙不回头，不见棺材不掉泪。能说服一个人的，从来不是道理，而是南墙；能点醒一个人的，从来不是说教，而是磨难。

人教人，学不会；事教人，一次就会。

佛法虽大，不度无缘之人。天雨虽广，不润无根之草。

"智者不入爱河"

人一旦开悟，就很难再爱上别人了！

很多人感叹自己一直没遇到很喜欢的人，其实这就是人生的最高境界。

人生到了一定的高度，就很难再爱上一个人。因为这时，你看到的每个人都是不圆满的，你可以一眼看到这个人内心的残缺之处。于是，你只想拯救他/她，而不是喜欢对方。这时你只有怜悯心，没有红尘心。

这就是"智者不入爱河"。人生修到成熟圆满，心中只有大爱。真正的大爱就是对芸芸众生的怜悯和同情，遇到每一个人都想去拯救。

为什么我们会喜欢上别人？往往是因为我们的内心有欠缺，当这部分被对方填补了，就很容易心动。一旦你的内心不再匮乏，可以本自具足，也往往没有了需求，就很难再有心动的感觉。

什么叫爱情？就是对一个人执着。智慧专门破"我执"，破人生的各种执念，智慧越高就很难有执念，智慧是"我执"的天敌。

人一旦修行圆满，就很难再爱上别人了。

为什么人们会越来越焦虑?

人们普遍越来越焦虑，主要有两大原因。

其一，世界的不确定性越来越强，而人的安全感来自确定性。

对确定性的执着追求，是人性的基本属性。人的安全感和幸福感，也往往来源于确定性。只要事情不按预期发展，我们就开始紧张不安。

但是放眼望去，各种不确定因素越来越多，出乎意料的事情越来越多，我们的心始终悬着无处安放。

但是按照客观规律，人类才刚刚驶向发展的快车道，未来科技创新的迭代不断加快，数不胜数的新功能产品让人目瞪口呆，各种变化的周期还会不断缩短。

事物发展不再呈现"线性"特征，而是呈现出"断点"特征，即突发性和不可预测性成为常态。这会使我们更加焦虑。

其二，商业的本质，就是制造焦虑。

一个社会越繁荣，商业就越繁荣，而商业的本质，就是制造和贩卖焦虑。比如：一些教育机构在制造升学焦虑；一些整形医院在制造容貌焦虑；一些保健商家在制造健康焦虑；一些培训机构在制造知识焦虑……

未来的商业一定会越来越发达，这是社会发展的必然。作为一个普通人，未来一定会越来越焦虑，这也是社会发展的大势所趋。

如何才能不那么焦虑？或者说，如何才能抵抗这种不确定性？

大家要记住一个道理：对自己的确定性，可以抵抗外界的不确定性。

我们一定要学会向内求。如果你的内在一直在成长，终有一天你会破土而出。如果你一直在外求，那么你只会被埋得更深。

　　未来最重要的能力，就是增加自我确定性的能力，这也是对自己有清晰而深刻的认知，究其本质就是要找到自己的内核。

　　这远比拥有任何技能、知识、资源重要。这些技能、知识、资源很容易就会被取代，但是一颗强大的内核是无可取代的。

　　这已经不是那个靠蛮力拼搏的时代了，未来如果一个人不懂得内观、强化自己的内核，只是一味地外求，只会越来越焦虑，甚至抑郁。

　　在复杂多变的世界面前，人人都是脆弱的。未来一个人强大的表现，就是拥有了"反焦虑"和"反脆弱"的能力。

人一旦开悟，还会爱上别人吗？

爱情的本质，就是对一个人的坚守。这种坚守是一种执着。

这种执着让人快乐，也会让人痛苦。所以很多爱情的前半段是享受，后半段是痛苦。

开悟专门破各种执着，开悟就是打开思维和认知。这种打开能帮我们挣脱各种执念，包括对人的执念、对事的执念、对目标的执念。

人一旦没有了执念，就能随时放下，也就没有了痛苦。

那么，人开悟后还有快乐吗？当然有，而且还是那种最极致的快乐！

开悟之前，爱的是"人"，"人"一旦变了，我们就陷入了痛苦之中。

开悟之后，爱的是"情"，人可以来了又走，只要"情"在就可以了。

世俗里的爱情，大部分都是两个愚昧个体的相生相杀，他们打着爱的名义互相伤害。

很多人口中的爱情，都是内心残缺的表现。他们由于内心不圆满，总期待遇到另一个人来填补自己的缺憾。

当两个内心残缺的人在一起后，就会互相要求。一旦发现对方不按自己的想法走，就会互相怨恨，最后变成互相伤害。

世上只有一种真爱，那就是彻底看清一个人的真实面目之后，还能爱上对方。这就需要破除执念的勇气，以及看清真相的智慧。那时的爱情，才是真正的爱情，而且是一种大自在。

因此，开悟之后，其实反而更有爱了。人如果不能开悟，就无法领会爱情的真谛，也无法体会真情的美妙。

敢问人世间情为何物？开悟即有情，得道即是爱。

圣人有情还是无情？

玄学天才王弼的一句话，道出了真相："有情而无累。"

圣人亦有情，但是不为情所累。这就是有情的最高境界：忘情。

"情"对他们来说，随时来、随时去；如来、如去，非常洒脱。

普通人要么是情来了就为情所困，深情到自伤，要么是为了利益薄情寡义，要么在这个极端，要么在另一个极端，难以自拔。

普通人总是被伤到一定阶段，近乎绝望的时候，才能悟透"情"的真谛。心不死，则道不生；道不生，则情必伤。也就是，情深不寿，慧极必伤。

下等人，薄情；中等人，深情；上等人，忘情。真正的高手，可以用情驾驭一切事物，但是又不被情所困。这就是有情又忘情。

所谓忘情，不是没有感情，而是忘我之后的有情。这里的"我"，就是"我执"，放下了执念的感情，才是来去自如的感情。

世界上最好的关系

———————————

现在很多人为了寻求短暂的刺激，沉溺在花花世界里，不断拉低自己的能量级别。这是愚蠢的做法。

马克思说：人是一切社会关系的总和。我们每天都从周围的人身上吸纳能量。周围的人的能量决定了我们的人生高度和成就。

如果可以，请多接触能够在灵魂层面滋养你的人。他们像一道光射入你的内心，给你带来温暖和希望。

世界上最好的关系，就是彼此滋养的关系。

生各有时

年纪轻轻成功未必是好事，少年得志中年未必守得住。

四十岁之前发的财是浮财，浮财无根、易散难守。一个人的财运来得太早，难免会狂妄失控。

放眼身边人，年轻时候发的财，很快也会还给这个社会。先穷不算穷，先富不算富。生各有时，只是时未到。

交　流

———

两个人在说话的时候，其实有六个灵魂在交流。

我们来盘点一下这六个灵魂：真正的你，你以为的你，对方以为的你，真正的对方，你以为的对方，对方以为的对方。

你以为的你，并不能代表真正的你，更何况对方以为的你。

对方以为的对方，并不能代表真正的对方，更何况你以为的对方。

所以，两个人的交流看似简单，其实被各种"假我"和"假象"搅乱。

这就是两个人看似离得很近，心却很远的根本原因。

世界上有很多假象，都是我们心生的妄念。

唯有破除妄念，才能回归"真我"，看清真实的对方。

只有回归本性的两个人，才能真正地交流，成为灵魂知己。

一个人的时候，能与"神"对话；两个人的时候，可以讲人话；三个人以上的时候，只能讲场面话。

所以，我们要关注那些独来独往的人。内心越充盈的人，越喜欢独处和安静；内心越空虚的人，越喜欢热闹和喧哗。

看 见

————

每一个灵魂都是孤独的，每一个灵魂都有被看见的需求。

当你深度看见一个人的灵魂，就像一束光照射在对方的生命里。

深度看见一个人的灵魂，瞬间抵达对方的内心深处，是未来重要的能力。

无论看见还是被看见，都是幸福的、幸运的。

人生的最高境界，就是活成这样一束温暖明媚、直指人心的光。

什么叫收买人心?

对女生说:你这个人,表面上阳光灿烂、没心没肺的,其实内心深处很渴望被懂,渴望被保护。

对男生说:你这个人,表面上吊儿郎当的胸无大志,其实想法很多,只是懂你的人太少,你是在等一个机会。

这两套说法下来,对方基本就泪流满面了,还会说:你怎么这么懂我?

人与人之间最好的状态

人与人的距离保持在一种状态是最好的，那就是可以随时走近，也可以随时离开。

这就是兵法上说的"进可攻，退可守"。

不要让自己彻底陷进去，也不要让自己没有任何后路。

保持界限感，若即若离，时近时远，就是最微妙的关系，也会让双方都舒服。

不要城门紧闭，也不要城门大开，给彼此留点余地。

思　变

活明白的人，是来人间看笑话的

一个人到了一定境界，就会站在上帝的视角看人类。那时你看到的大千世界，不再是热闹繁华，而是众生皆苦。

世界万般苦，各有各的苦。众生之所以苦，苦在执迷不悟。

弥勒佛前有副对联：大肚能容，容天下难容之事；开口便笑，笑天下可笑之人。

所谓"智者不入爱河"，人到了一定境界就很难再爱上一个人。很多人看起来光鲜亮丽，但是你跟他们一聊天，就会发现他们的内心早已千疮百孔。

人一旦通透了，看众生就像看一群蚂蚁。他们看似忙忙碌碌、日夜奔波，其实都在苟且偷生，只执着于眼前的蝇头小利，在一个小圈子里不断打转，而不思考生命的意义。

　　通透的人渴望遇见灵魂有趣的人，让人眼前一亮、耳目一新。他们的出现让人顿时觉得世界都变得有趣了。心知世故而不世故，身处世俗而不世俗。好看的皮囊千篇一律，有趣的灵魂万里挑一。

人为什么要有孩子？

早些时候，社会上流行一种新潮的生活方式，那就是不要孩子，只为自己而活，这批人被称为"丁克一族"。然而到现在，这群人几乎没有不后悔的。

在三四十岁的某一天，你会突然发现生命中最好的事都发生过了，剩下的只有重复和老去，日复一日、年复一年。

孩子会冲走重复，让生活重新变得未知。他让你烦恼，让你牵挂，让你欢喜，让你惊讶，让你再经历一次童年。

女人本柔弱，成为母亲后自然就会变得刚强；男人本潇洒，成为父亲后自然就懂得什么叫责任。父母养育了孩子，孩子也陪伴了父母，父母和孩子滋养彼此，也成就彼此。

孩子是我们最好的镜子，让我们看到童年时的自己。看到他的勇敢、他的好奇、他的局促、他的不安，从而更好地理解自己、接受自己。

当你不再只是对孩子进行说教，而是能从孩子身上悟出自己最需要成长的地方时，真正的教育才刚刚开始。孩子最让你头疼的地方，恰恰是你最需要疗愈的地方。

如果没有孩子，你会像一座孤岛，漫无目的地漂泊在汪洋大海上，不知道漂向何处。如果有了孩子，孩子是我们活着最好的动力，也是我们最后的希望。

未来的时代，感情将越来越冷淡，比如友情、爱情等，都可以逐渐被取代，唯有亲情不可取代。

很多人总以为人是为自己而活，其实人是为了自己的基因而活。你的身体只是一个肉身，短短几十年就没了，但是你的基因可以一直传承下去，这才是生命的本质。

体　验

————

生命不是用来评判的，而是用来体验的。人生就是一切体验的总和，这一切的人和物都不是你的，而是被你用来体验的。

万物不为我所有，万物皆为我所用。我们只有使用权，但没有绝对的拥有权，包括我们的生命，也只是阶段性地被我们使用而已，最终会烟消云散。

只要你认为什么人或者什么东西是你的，那你一定会因为患得患失而感到痛苦。举个例子，如果你认为孩子是你的，那孩子总会因为长大而离开你。孩子其实是社会的，是宇宙的，怎么会是你的？

所以，所有的东西只是阶段性地被我们使用而已。拥有它是偶然的，失去它是必然的。当你明白这个世界的真相是失去的时候，那还有什么是可以悲伤难过的？

这时的你就能坦然面对各种变化，所以学会珍惜使用权，放下拥有权，得之偶然，失之必然，宠辱不惊，去留无意。

真正的教育

人一生最大的幸运，莫过于得到过真正的教育。

真正的教育，是帮人建立更加健全的心智模型，从而内生出智慧。

一个心智模型优秀的人，可以随时随地内生出方法和技巧，而不是被外界强加的方法所限制。

当一个人的心智模型迭代升级了，生命会自动进入更高的维度，生出豁然开朗和一览众山小的感觉，这时的人能抓住事物的底层逻辑，一眼看透本质。

接受"伪教育"的人，每天只研究方法和知识本身，只会越学越多、越多越乱，无法从量变到质变，最后的结果就是大脑被填满了，再也塞不进其他知识。

很多人从未接受过真正的教育，充其量在学校里被填充过知识，或者在培训机构里被塞进各种方法和技巧，以及各种新鲜概念。

他们看似也在学习，忙忙碌碌，其实思维从没有被打开过，一直执着于眼前的蝇头小利，或者一直在现学现用，他们无论多么辛勤，都是在自我封闭和禁锢。

当一个人的心智模型被"教育"真正开启后，就再也无法和思维封闭的人同频了，只会去向下兼容平庸的人。

比金钱更高维的三样东西

答案比问题高一个维度，高维可以解决低维的问题。

金钱就是一种能量，而且这种能量的维度超越了世界上大部分东西。

所以，有钱基本上可以在世界上所向披靡。

可是有三样东西比金钱的维度还高，它们分别是智慧、真爱和健康。

如果说金钱可以解决世界上99%的问题，那么智慧可以解决世界上100%的问题。

很多问题是没钱带来的，但是没钱的问题往往是思维受限带来的。只要认知打开了，思路拓宽了，金钱就来了。

真正阻碍我们的不是能力、时间、方法、步骤，而是我们内心始终放不下的执念，比如自卑、偏见、情绪化、狭隘、无知等。

那么，智慧怎么来？开悟就是获取无限智慧。

佛家为了找到它，教我们觉察自己最深层的意念，称其为"阿赖耶识"。禅宗为了找到它，教我们不断地内观，称其为"明心见性"。

哲学的英文就是"爱智慧"；儒家称它为"仁""至善"；道家称它为"大道"。

智慧就是真理，真爱就是真心，健康就是和谐，这才是人间的终极向往。只要一个人有了足够的金钱，就一定会追求这三样东西。

金钱可以买到学历，但买不到智慧；金钱可以买到婚姻，但买不到真爱；金钱可以买到医疗资源，但买不到健康。

智慧、真爱、健康是这个世界上维度比金钱还要高的三样东西。我们越接近它们，就越充满无限力量。

生命的真正意义

人们把看得清的趋势称为规律，把看不清的趋势称为命运。其实人类的一切演化早就被编写好，我们都是其中一枚棋子。

我们不以为然，还整天自以为是地想去改变世界，其实我们能改变自己都已经谢天谢地。

既然一切都是注定的，我们为什么还要努力？生命的意义不在于结果，因为每个人的结果都是一样的：赤裸裸地来，赤裸裸地去。

人与人唯一的不同是过程的不同，以及在过程中感悟的不同。人生能悟到哪个层级，灵魂能抵达哪个维度，这是我们自己可以掌控的。

我们今天的灵魂能否比昨天更高级，就是生命的真正意义。

唯有灵魂能级的不断提高，才可以超越程序一般的命运。

厉害的商家

一些厉害的商家不仅善于制造"焦虑"，还善于制造"上瘾"和"偏见"，让消费者一直偏爱他们。

一些厉害的人让人"盲从"，一些成功的产品让人"上瘾"，一些极致的品牌让人产生"偏见"。

一些厉害的商家，不断地在大众中制造盲从、上瘾和偏见，一直在混淆视听、概念，蒙蔽我们的双眼。

创业经验

———

下面这几点是无数创业者历经头破血流换回的经验：

1. 没钱的时候，可以先选择一份工作，哪怕不擅长，但一定要攒钱，同时不断发现自己的特长，不断学习。

2. 当你攒够了一定资本，要毫不犹豫地辞职，坚定地选择你热爱的事情、擅长的事业。

3. 把你喜欢的事业拓展出一个细分领域，做透、做到底，而且一定要赚更多的钱，积累更大的资本。

4. 始终要往这一方向上走，这时候你会认识很多优秀的人。注意，这时你要开始学做人，而不再只是做事。

5. 现在你可以开始创业了，创业的重点在于资源整合和管理。记住你是老板，是管理者，不再是技术人员。懂人和用人，才是创业的重点。

6. 请利用你积累的经验、人脉、资源，转型为投资人，去发掘更多有潜力的人和项目，帮助他们走向成功。帮的人越多，你的成就也越大。

焦虑的本质

所有焦虑的人都有一个共同特征，那就是没有尊重客观规律。

比如说：

没有持续锻炼，却期待有好身材。

没有饮食自律，却期待拥有健康。

没有长期付出，却期待能够躺平。

没有刻意练习，却期待能出成绩。

从不读书思考，却期待自己灵魂有趣。

从不经营关系，却期待别人都爱自己。

从不创造价值，却期待能直接赚到钱。

总之，没有相应的付出，却期待超额的回报。

有赚一个亿的欲望，却只有一天的耐心。

世界上最容易成功的两种人

第一种是为了生活无路可退的人。

第二种是为了理想全力以赴的人。

为什么众生迷茫?

他们急于成长变强，又哀叹失去的童年。他们以健康换取金钱，不久后又想用金钱购买健康。他们对未来焦虑不已，却又无视现在的幸福。

他们既不活在当下，也不活在未来。他们活着仿佛从来不会死亡，临死前又仿佛从未活过。

第七章

悟　道

习 新

思维的分裂

现在，焦虑、抑郁、人格分裂的人越来越多，这是一个必然趋势。随着科技和物质越来越发达，人的心理状况越堪忧。人类的物质文明突飞猛进，而精神世界一片荒芜，这本身就是一种割裂。

未来的时代，一个人要想防止人格分裂，有一种办法，那就是先进行思维的分裂。

什么是思维的分裂？就是大脑中能够并存截然相反的思维、事实或者观点。比如这个人既好又坏，这个观点既对又错，这个现象既有偶然性也有必然性等，这时你脑子里的想法和观点既统一又对立，还能互相兼容，彼此不打架，能和平共处。大脑虽然想法多，但是熵值小。

这样就没有了内耗，而且又不影响工作和生活，是一种极其强大的兼容能力，只有格局和认知到一定阶段的人才可以做到。

而普通人是怎样的呢？他们的大脑只能容纳一种思维或观念。这种思维或观念有可能是由环境、经历、眼界造成的，然后他们一辈子都在这种观念里打转。

其实只要是"单一性思维"，就是一种"偏见"，就是封闭性的，一旦大脑形成了这种固定的思维模式，当遇到与自己相反的想法时，就立刻反抗。但是在信息爆炸、短视频横行的时代，各种信息总是会防不胜防地钻入我们的大脑。

思维的分裂本质就是开悟。检验一个人是否开悟，就是看他能不能在头脑中同时存在两种相反的想法，还维持正常行事的能力。

唯有两种截然不同的思维的并存，才是健康的，就好比太极图一样，能够同时包容黑和白，并且让黑和白保持对立和统一。

真正开悟的人，可以同时具备"出世的智慧"和"入世的手段"。这样的人可以独处，也能跟人共事，而且做事游刃有余。

普通人一旦遇到跟自己"单一性思维"相悖的东西，马上就会开始反抗，去证明别人是错的，自己的才是最合理的，但是越证明越恐慌。后来发现自己跟全世界都是对立的，于是心态崩了，开始逃避。

人在什么时候能知道自己的天命？

孔子说："尽人事，听天命。"意思是：只有把该做的事都做完了，才有资格去听天命。

作为一个人，把人事做到极致，天命才会出来指引你。所以，孔子说：五十知天命。

现在很多人跑去学习《易经》、奇门遁甲、紫微斗数，大多数都是为了找一个捷径，或者是为了服务那些整天想找捷径的人。

不是说《易经》不好，而是学的人或许发心不正。《周易》归根结底就是八个字：自强不息，厚德载物。就是教我们脚踏实地地做人，问心无愧地做事。

学习《易经》是为了提升智慧，为了窥见天道，而不是寻找改变命运的捷径。改变命运的途径就是：积德行善、改过自新，而不是靠算命、看风水，以及各种邪门歪道。

记住这句话：人事做到极致的人，才有资格听天命。

思考一下自己的现状：生活的事，家里的事，公司的事都处理好了吗？该读的书都读了吗？需要改正的缺点改了吗？身体锻炼好了吗？孩子教育好了吗？父母孝敬好了吗？客户服务好了吗？脾气问题解决了吗？焦虑问题解决了吗？

如果没有，就把你当前该做的都做好。

红尘，是最好的修行道场。红尘炼心，是最好的修行方式。

人人是老师，事事是考试，时时是课堂。

未来十年，人的两大核心竞争力

其一，无中生有，挖塘放鱼。是基于IP的生产内容的能力，也叫创造力。

其二，三生万物，盘活鱼塘。是基于粉丝的关系运营的能力，也叫运营力。

前者是为了从公域中获取流量，源源不断地拉新人进来。后者是为了激活、盘活私域流量，跟粉丝进行深层交互。

未来人与人比拼的，就是谁先占领对方的心智。一切的较量都是心智的较量。

在过去，赚钱靠信息差，那时信息是不对称的，后来互联网解决了信息不对称的问题。

在未来，赚钱靠"认知差"，算法产生了"认知差"，因为算法让每个人活在自己的世界里。很多人活在"信息茧房"里，思维的牢笼很难再打开，人们的认知落差越来越大。

　　未来赚钱的本质，就是让"高认知"的人去降维打击"低认知"的人。

　　未来竞争的核心，就是抢占认知制高点，也就是抢占对事实和现象的解释权。

"守脑如玉"

在这个时代，"守脑如玉"远比"守身如玉"重要得多。

什么叫"守脑如玉"？就是努力保护好自己的大脑，不让它受外界过多影响。

在这个信息泛滥、短视频满天飞的时代，能坚持独立思考，保护大脑的纯洁，绝对是稀缺的能力。

这是一个商业无孔不入的时代，商家、网红、平台都在占领我们的心智，从而操控我们的行为。

打开手机，商家的各种广告，平台的各种算法，直播间的夸张表演，还有各种宣传口号和标语，都在对我们的大脑进行狂轰滥炸。他们的目的只有一个：利用人性的弱点来操控我们。

因此，我们一定要自强不息，保护好自己的大脑，不要陷入上述圈套。"守身如玉"是封建时代的必备能力，"守脑如玉"是互联网时代的必备能力。

对于女人来说，变美不再是难事，漂亮也不再是稀缺资源。容貌可以靠整形，身材可以靠撸铁。性感聪慧的大脑，才是值得女人追求的东西。

什么是觉醒?

人的觉醒分为七个阶段。

第一阶段是本能。说话做事完全靠本能，对自己的言行毫无觉察。

第二阶段是觉察。开始关注自己行为背后的动机，若有所思。

第三阶段是内观。遇事不再往外归结原因，而是反观自己。

第四阶段是反省。第一时间去找自己的问题，认清自我。

第五阶段是使命。找到自己的天赋和使命，明白一生为何而活。

第六阶段是创造。洞察本质和真相，融会贯通，一切皆为我所用。

　　第七阶段是觉醒。站在高维俯瞰众生，慈悲心升起，安静祥和。

觉醒的标志

一是从不在乎他人的评价。

二是从不标榜自己的优越。

三是从不受制于别人的情绪。

四是从不炫耀自己的拥有。

五是从不同情自己的遭遇。

六是从不停止疯狂地探索。

七是永远追寻真理的意义。

人生最重要的事，就是生命的觉醒。

当你不再渴望得到，只是去爱；当你不再期待成功，只是去做；当你不再追求财富，只是去创造；当你不再执着一切，又热爱一切……真正的人生，才刚刚开始。

物质决定幸福的时代正在远离，精神觉醒的时代马上到来。可惜很多人还在执迷不悟。此身不在今生度，更待何时度此身？

"觉醒力"

———————

随着社会的进步，人类能力的维度也在升级。

农业时代解决"生存"问题，我们要吃饱穿暖，靠的是"体力"。

工业时代解决"生活"问题，我们要赚取更多的物质，靠的是"思考力"。

信息时代解决"生命"问题，我们的灵魂要觉醒，靠的是"觉醒力"。

从现在开始，人类最核心的竞争力是"觉醒力"。

未来有两种人，觉醒的人和执迷不悟的人。

人生的三次转折

———————————

生命有三次大转折，每次都是一场大升级。

第一次大转折，摆脱了现实对自己的束缚，不再为了钱而日夜奔波，实现了物质独立、精神独立、人格独立，成为一个相对自由的人，开始思考精神层面。

第二次大转折，发现了自己的天赋，找到自己活着的意义以及使命，就像刘翔找到跨栏、姚明找到篮球一样，满腔热情地投入其中，直至取得了不起的成绩。

第三次大转折，看透了世界、生命的真相，走向了觉醒、开悟、得道，能够从高维俯瞰众生。

每一次大转折，都是生命自由度的升级。每个生命都会觉醒，只不过绝大部分人的觉醒在临死的那一瞬间，在生命的最后一刻才看透人生的真相，为时已晚。

世界的本质

世界的本质，就是一场障眼法。

人之初，性本善。人人生而善良，本自具足，但世界用各种表象、假象、诱饵、欲望来迷惑我们，让我们迷失自己，人生看似有无数的选择、机会和可能性，其实都是障碍，都是为了让我们不能找到自己。

人人生而自由，但枷锁无处不在。绝大多数人都被这种障眼法迷惑了，本性被物欲遮蔽，变得贪嗔痴慢疑，追求外在的认可和物欲的满足，被欲望终身囚禁，像机器一样奔波不停，内心的灰尘越来越厚，行为越来越迷失，内心越来越焦躁，离"真我"越来越远。

知道人生是一场修行的人，才能真正觉察到自己的各种问题，才能看清世界的真相。

因此，想要快乐幸福，唯一的路径就是回归良知。这个良知就是"真我"，儒家称它为"仁义"，道家称它为"无我"，佛家称它为"慈悲"，心学称它为"致良知"。这些都是为了帮助我们发掘那个本自具足的我。

人生的三种境界

第一种境界是一无所有，所以要去创造。

第二种境界是成功地创造了，所以也拥有了。

第三种境界是拥有了很多，但不认为自己有。

第一种境界叫无知，第二种境界叫"我执"，第三种境界才叫快乐。

举个例子，女人美的最高境界是，虽然她很美，但从不认为自己美。这叫美而不自知，就到了第三种境界。

很多女人整天对着镜子感叹自己美，或者活在美颜相机里，总认为没人能配得上自己，这说明她只在第二种境界，陷入"我执"中。看得见自己美貌的人，不是真正的美貌。

很多男人总是感叹自己怀才不遇、恃才傲物，总认为自己是了不起的。这说明他只在第二种境界，也叫自以为是，这才是痛苦的开始。

在任何关系里，可以付出，但不能有付出感；可以利他，但不能认为自己在利他；可以厉害，但不能强调自己很厉害。

知道的最高境界，是不知道自己知道，真正的高手不知道自己有多厉害。

这就是禅宗里强调的"空性"。

内 核

———

未来一个人的核心竞争力，就是他稳定的"内核"。

人的发展有一个规律：短线拼机遇，中线拼能力，长线拼"内核"。

"内核"就是对自己的确定性。"内核"稳定可以抵抗世界的不确定性。

世界上很多人的成长就像一场慢性自杀：每天杀掉一点天真，杀掉一点热情；多了一点伪装，多了一点顺从。

"内核"稳定的人衍生出了核心竞争力，衍生出清晰的定位和目标，衍生出强大的能力去保护自己的天真和真性情。

未来每个人最重要的事情，就是找到自己，认识自己，成为最好的自己。

　　未来最好的投资是自我投资，是对自我的深度发掘，并且能够更加精准地定位自我。

　　人的财富就像投资品价值一样，是存在均值回归的。那个均值，就是你的冲动、你的热爱、你的理想。

　　请大家记住一个原则：在选择一个事业之前，你要有信心超过这个领域的大多数人，否则宁可把时间、精力花在寻找这件事上，这就是"选择大于努力"。

习 精

内　观

古今中外，很多圣贤书都在讲同一个道理，接下来让我们一起品一品。

《孙子兵法》里说："昔之善战者，先为不可胜，以待敌之可胜。不可胜在己，可胜在敌。"意思是：真正会打仗的人，先要让自己成为一个不可战胜的人，然后耐心等待敌人露出破绽。我们必须练好内功，伺机而动。不失误即为战神，以不变应万变，则恒强。

《道德经》里说："知人者智，自知者明；胜人者有力，自胜者强。"意思是：只有做到自知，并能战胜自己的人，才是真正的高手，才可以铲除世界上的困难。

《心经》开篇第一句是："观自在菩萨。"观自在就是观自己，自己放下了执念就是自在。

《金刚经》的要义为："应无所住而生其心。"意思就是：当一个人放下了所有牵挂和执念，才能活在真相里，看到真实的世界。

《传习录》里说："此心光明，亦复何言！"在龙场既安静又困难的环境里，王阳明结合历年遭遇，日夜反省。一天夜里，他突然有了顿悟，认为心是感应万事万物的根本，认识道"圣人之道，吾性自足，向之求理于事物者误也"。这就是"龙场悟道"。

王阳明还说：破山中贼易，破心中贼难。外界的困难是表象，内心的魔障才是真相。

《六祖坛经》里说："心平何劳持戒，行直何用修禅。"如果能把心修好了，还需要持戒吗？换句话说，即使你每天吃素，但是心性依然没有开化，持戒又有什么用？同样的逻辑，如果你能把人做正了，还需要坐禅吗？换句话说，即使你每天坐禅，但是行为依然混乱，那坐禅又有什么用？

所以，禅宗里说："明心见性，见性成佛。"见到那个不生不灭的本性，找到那个本自具足的"真我"，就开悟了。

《周易》的核心理念："自强不息，厚德载物。"就是告诉我们永远要靠自己，把自己修炼好了，外物就来了。

《黄帝内经》里说："正气存内，邪不可干。"人生就是一场修行，能修出浩然正气的人，疾病和邪气都无法接近他。

原来，古今中外很多圣贤都在努力教会我们两个字：内观。

内观能破除内心的执念和障碍，能让我们深度了解自己、战胜自己。

众生迷离，我们之所以看不清世界，是因为我们看不清自己。一个人只有先把自己看清楚，才能把世界看清楚。搞懂自己，才能真正搞懂世界。

孟子说："行有不得，反求诸己。"人生的最高境界，就是把世界和他人当成自己的镜子，通过外界反观自己。一切都是内心的投射，一切障碍都是内心的障碍，破除内心的魔障，这才是王道。

富贵和贫穷的本质

西汉桓宽的《盐铁论》，用16个字把富贵和贫穷的本质讲清了，那就是：富在术数，不在劳身；利在势局，不在力耕。

意思是：创造财富的方法在于精准推测和预算，而不在于靠体力获得。掌握事物运行规律和轨迹，就能拿到解决问题的金钥匙。勤劳并不能致富，只能填饱肚子；富贵靠的是对趋势和节点的把握。

获取利益的关键是审时度势的大局观，不一定要亲自耕种。亲力亲为反而让自己深陷局中而不自知。局势就是格局、布局、气势，好比战场上的排兵布阵和运筹帷幄，这比冲锋陷阵重要。

如何修儒、释、道、法，才能成为强者？

其实它们不是互相孤立和对立的，而是你中有我、我中有你。

如果只信儒家，很难有所作为，因为太刻板、循规蹈矩；

如果只信法家，很容易被孤立，因为太激进、不得人心；

如果只信道家，很容易躺平、避世，因为他会自己定义成功；

如果只信佛家，很容易消沉，因为跟红尘格格不入。

南怀瑾说：佛为心，道为骨，儒为表。这里应该再加一个"法为手"，也就是说要有雷霆手段。

真正的强者，就是修菩萨心肠，生道家风骨，做儒家人，行法家事。

真正的强者，就是亦正亦邪，心中有佛、手中有刀，上马杀敌、下马念经，以菩萨心肠对人、用金刚手段做事。

真正的强者，就是走心时不留余力，拔刀时不留余地。能善人、能恶人，方能正人；不生事、不怕事，天下无事。

看一个人有没有开悟，就是看他大脑里能不能将儒、释、道、法这四家的思想完美融合，兼容并存，一体共生。

儒、释、道三家该怎么学？

先学儒家。儒家给我们树立了行为规范，即使是一个再普通的人，只要按照儒家的各种礼法要求自己，这样的人再差也差不到哪里去，最起码不会变成一个坏人。儒家修好了可以成为"君子"。

再学道家。道家是研究事物的规律和本质的，一个人有了儒家的修行为基础，就很容易升华到探索规律和原理这个层面。道家修好了，就很容易洞察事物的走向和趋势，一眼看到本质和原理，轻松驾驭现实生活。

最后修佛家。佛家是帮我们觉察自己的内心的。心生万法，心调好了，很多事就解决了。一个人到了可以直面和审视自己内心的阶段，离开悟就不远了。佛家修好了，很多痛苦、烦恼就远离了。

儒家讲究一个字：礼。

道家讲究一个字：道。

佛家讲究一个字：空。

五大终极问题

我是谁？我从哪里来？我要到哪里去？我的天赋是什么？我为何而活？

这五大终极问题的核心，其实是一个问题。

每个人的内心深处都潜藏着一个"小巨人"，虽然我们的身体周而复生，但是"小巨人"一直潜藏在我们的内心深处。

这个"小巨人"给我们能量，是我们奋发向上的原动力。只是由于我们生活在尘世中，双眼都蒙了厚厚的尘埃，看不清它的面目。

古今中外，哲学、宗教、门派、心理学等，都在教我们一个共同的本领，那就是寻找自己内心深处的那个"小巨人"。

佛家为了找到它，教我们觉察自己最深层的意念。

禅宗为了找到它，教我们不断地内观，审视自己的内心。

哲学家称它为"智慧"。

心理学称它为"潜意识"，或者"真我"。

儒家称它为"仁"，或者"至善"。

道家称它为"得道"，或者"真人"。

王阳明称它为"良知"。

但愿你能唤醒自己心中的那个"小巨人"。

习 惯

如何判断一个人的层次？

千万不要通过穿着打扮去看一个人的层次。

奢侈品不能判断一个人的层次。奢侈品都是卖给那些配不上它的人，因为你加钱才等于奢侈品，所以你配不上它。

如果你的光芒遮住了它，你就不需要它的衬托。这就是很多大佬穿扮如此低调的原因，一身布衣加一双布鞋就足够了。

世界上绝大部分人，都是不自信、不圆满的，因此需要一个外物的衬托，穿上奢侈品、开上豪车才能挺直腰杆，这也很正常。

所以，人贵的时候要穿贱的，人贱的时候要穿贵的。当你不值钱的时候，就要靠衣服来反衬一下自己，免得被别人"狗眼看人低"。

但是当你真正有钱的时候，要穿便宜的衣服，这样别人不会说你炫耀，你也会更得人心。

人生就是一场修行，修到不需要再用外物衬托自己了，不需要再证明和解释自己了，不需要再活在别人的评价里了，就修到位了。

那么，怎么去判断一个人的层次？

不是看他的穿着打扮，也不要去看他所处的职位，更不要听他的自我标榜，而要看他有没有让你耳目一新的观点、周密的逻辑和直击本质的洞见。更重要的是，他的说法能否形成闭环并得以验证。

外在和身份可以迅速包装，但卓越的思维、高深的认知、一针见血的洞察力，以及成系统的思想系统，是没法速成的。

一个真正悟道的人，往往是一个质朴简约且不夸夸其谈的人。没有足够的洞察力，你往往发现不了他。所以要想识别对方的层次，还得先提升自己的认知层次。

吸引力法则

———————

吸引力法则的精髓是：起心动念，惊动十方神煞。

你动心动念的那一瞬间，那些妖魔鬼怪、精灵神明全部被你吸引过来了。

很多人总责怪自己运气不好，其实是他的怨气太重。

怨气重的人，无法吸引美好的人或事物，只能沉溺在自己创造的那个世界里。

人的意识，是一种能量，由振动产生。每一个念头都会对物质世界产生影响，这就叫念念不忘、必有回响。这个大千世界是由我们无数个起心动念形成的。一念天堂、一念地狱，心念一转，世界皆变。

人有善念，也有恶念。你起心动念的那一刻，物质世界就被决定了，很多结果就注定了，这就是因果。所以初心很重要，初心决定了终点。

也因此，改变世界从改变自己的心念开始。灵山不在远方，灵山只在心头。当你改变了自己的起心动念，遥远的世界也会随之改变。

改变世界，从改变自己的念头做起。

缘来天注定，缘去人自夺。

种什么因，就结什么果，一切唯心造。

能量场

———————

人，是一个敏感的"能量场"，时刻都在与外界进行能量交换。

为什么有的人能量层级高，有的人能量层级低呢？

振动产生能量，每个人的振动频率不同，决定了能量的高低。

人的振动就是人的行为引起的。行为习惯不同，产生的能量大不相同。

有的人每天做善事，勤快，本分，起居规律，这种人的能量级别就高。

有的人善于算计，懒惰，投机，好吃懒做，这种人的能量级别就低。

除此之外，人的起心动念也会产生能量。

奉献、包容、自信、热情、积极、乐观、踏实的人，能量级别就高。

抱怨、偏激、消极、嫉妒、麻木、猜疑、浮躁的人，能量级别就低。

有的人长着一副好皮囊，却诸事不顺，因为他满身都是浑浊的能量。

有的人貌不惊人，却事事如意，因为他散发着清秀的能量。

如果你足够灵敏，每到一个场合，或者每遇到一个人，都能感受到对方的能量和气场。

有的人让我们很想亲近，而有的人只会让我们快点远离。

如果可以，请去靠近那些能量高的、身心比较纯净的人。他们能净化、滋养你的身心，给你带来好运和财运。

能力的三个维度

人的能力有三个维度：第一个维度是执行力；第二个维度是思考力；第三个维度是觉醒力。

执行力来源于双手，思考力来源于大脑，觉醒力来源于内心。

"心"转一圈，相当于"脑"转十圈；而"脑"转一圈，相当于"手"转十圈。

我们可以把心、脑、手看成一个钟表，"心"相当于"时针"，"脑"相当于"分针"，"手"相当于"秒针"。

很多人用"双手"的勤奋掩盖"大脑"的懒惰，也有很多人用"大脑"的勤奋掩盖"心"的懒惰。

所谓"世上无难事，只怕有心人"，世界上最厉害的努力，莫过于"心"上的努力。

很多人用了一辈子"脑子"，他们工于心计、善于算计，却从没用过"心"。用"脑"可以获取物质，但是用"心"可以沟通灵魂。唯有用心，才能看见世界的真相。

这个"心"是先天之心，人之初，性本善，但是在后天的熏染之下，蒙上了一层尘埃。所以，禅宗要"明心见性"，王阳明要"致良知"，都是为了找回那个先天之心。

很多人的"心"早已死去，麻木不仁地苟且偷生。人生最重要的事，就是唤醒自己的"心"。

要想"用心"就要先"修心"。所谓修心，就是带着觉察去生活，就要不断地内观自己。修行到一定程度，你的心就打开了，也就是我们说的开悟。

这个境界，儒家称为"至善"，禅宗称为"明心见性"，道家称为"得道"，心学称为"知行合一"，心理学称为找到"真我"。

能 量

———

千万不要让别人损耗你的能量。

能量才是我们身上最宝贵的东西，但是很多人会故意消磨我们的能量。

比如，当你在百般证明、解释自己的时候，你的能量就开始被消耗了。

如果你很在意一个人对你的看法，并且以"对方赞同你"作为解释的目标，此时你就中了对方的圈套。

消磨一个人的能量很简单，就是去怀疑他、打击他，让他给自己申辩，这就会掉入一个"自证陷阱"里。

这时就好像一个被拉到了精神病院的正常人，无论你怎么证明自己是正常的，都只会越说越乱，说多错多。

很多人就是以怀疑你、否定你为工具，让你进入一个"自证怪圈"。你越想解释和证明，对方把你拿捏得越牢固，你的能量外泄得越多。

如果可以，多去接触那些能够滋养你的人。他们从来不需要你解释和证明自己，你不用说话就可以很懂你。这就是一种默契，这种默契是可以互相滋养的。

智 慧

———

我们能直接获取的一切信息并不属于我们，只有当它们进入我们的大脑之后，经过我们的思考和审视，被我们过滤之后剩下的那部分才属于我们。

这些东西被我们摄入、囤积起来，成为"认知"。我们所被告知的一切道理和答案，并不属于我们。只有当他们进入我们的大脑后，在某一时刻跟我们的经历相结合，让我们恍然大悟的那一刻才属于我们。

看到的是信息，学到的是知识，悟到的才是智慧。

见天地，见众生，见自己

人的一生就是"见天地，见众生，见自己"的过程。

见天地，就是看到了世界发展的客观规律，看到了未来的趋势，明白了因果，接纳了无常，敬畏无形的力量。

见众生，就是看透了人性的种种，能理解落魄者囊中羞涩的窘迫，能宽容穷人一夜暴富的傲慢；能接受井底之蛙的短浅；能笑对不可一世者的狂妄，能看透吹嘘者的外强中干。

见自己，就是看到了自己内心的偏见和顽固，同时也看到自己的特长、天赋和使命。知人者智，自知者明，能深度看见自己的人，才是真正活明白的人。把自己彻底看透了，就把世界和众生彻底看透了。

高级的灵魂

——————

有那么一种人，身上具有神秘的能量，几乎人见人爱，这就是高级的灵魂。

人到了一定境界，就会散发出一种能量。这股能量就像阳光一样能照进别人的内心深处。

其实，每个人见到能量高的人都会心动。只是那不叫爱情，那是生命的原动力，是每个生命的根本属性，就像花儿永远朝向太阳一样。

很多时候让我们心动的不是爱情，而是生命在向往更高维度的存在状态。如果你觉察到了这种内在的渴望，你也可以做到让所有见到你的人心驰神往、魂牵梦萦。

因为你本自具足，因为你生生不息，因为你自信圆满，所以你是山峰，你是雪原，你是传奇一般的存在，他们都会千里迢迢跑来观赏你。

　　人生价值的最高体现，就是能够点亮和照耀别人。一个高级的生命，一个高燃的灵魂，时刻都在发光。

　　这是一个人人缺爱的时代，很多人处于迷茫、焦虑、浮躁，甚至抑郁、自闭的状态，哪怕能给他们一丝阳光，他们就会灿烂，就会绽放。

　　世界上最值得欣赏的人，是同时兼具智慧和慈悲的人。虽然他们的维度远远高于我们，但还是愿意倾听我们的心声，懂得向下兼容，滋养我们的灵魂。这种人走到哪里都是宝藏，所在的地方都会熠熠生辉。

　　人生的最高境界，就是把自己活成一道光，像光一样照进别人的生命里，扫除他人内心的阴霾，给人带来温暖，让人看到希望。

　　你点亮的人越多，照耀的人越多，你的能量就越大，直到最后成为一座灯塔。

　　如果可以，请把自己活成一道光，因为你不知道谁会借助你走出黑暗。

如果可以，请保持内心的善良，因为你不知道谁会因为你看到希望。

这就是高级的灵魂。

图书在版编目（CIP）数据

人间清醒 ：底层逻辑和顶层认知．3 / 水木然著．杭州 ：浙江人民出版社，2024．7． — ISBN 978-7-213-11507-3

Ⅰ．B821-49

中国国家版本馆CIP数据核字第2024Z90W31号

人间清醒：底层逻辑和顶层认知·3

RENJIAN QINGXING: DICENG LUOJI HE DINGCENG RENZHI·3

水木然　著

出版发行：浙江人民出版社（杭州市环城北路177号　邮编　310006）
　　　　　市场部电话：(0571)85061682　85176516
责任编辑：陈　源
责任校对：马　玉
责任印务：幸天骄
封面设计：厉　琳
电脑制版：杭州兴邦电子印务有限公司
印　　刷：杭州丰源印刷有限公司
开　　本：880毫米×1230毫米　1/32　　印　　张：7.375
字　　数：144千字
版　　次：2024年7月第1版　　　　印　　次：2024年7月第1次印刷
书　　号：ISBN 978-7-213-11507-3
定　　价：58.00元